应用型大学计算机专业系列教材

Access 2010数据库应用

刘志丽　尚冠宇　主　编
赵　玮　柴俊霞　副主编

清华大学出版社
北　京

内 容 简 介

本书以 Access 2010 为数据库基础教学操作平台,主要介绍 Access 2010 数据库基本操作、表、查询、SQL 语言、窗体、报表、宏、模块与 VBA 编程等数据库基础知识,以及 Access 2010 综合应用实例,并通过实例,讲解理论,加强实践,强化技能培养。

本书知识系统、案例丰富、突出实用性。既可作为应用型大学本科及高职高专院校信息管理、工商管理、电子商务等专业的教材,也可用于广大企事业单位 IT 从业人员的职业教育和在职培训,并为社会计算机等级考试和数据库程序员实际工作提供有益指导。

图书在版编目(CIP)数据

Access 2010 数据库应用/刘志丽,尚冠宇主编. —北京:清华大学出版社,2017(2024.2重印)

(应用型大学计算机专业系列教材)

ISBN 978-7-302-45348-2

Ⅰ. ①A… Ⅱ. ①刘… ②尚… Ⅲ. ①关系数据库系统—高等学校—教材 Ⅳ. ①TP311.138

中国版本图书馆 CIP 数据核字(2016)第 260924 号

责任编辑:王剑乔
封面设计:常雪影
责任校对:袁 芳
责任印制:宋 林

出版发行:清华大学出版社

网　　址:https://www.tup.com.cn,https://www.wqxuetang.com

地　　址:北京清华大学学研大厦 A 座　　　　邮　编:100084

社 总 机:010-83470000　　　　　　　　　邮　购:010-62786544

投稿与读者服务:010-62776969, c-service@tup.tsinghua.edu.cn

质量反馈:010-62772015, zhiliang@tup.tsinghua.edu.cn

课件下载:https://www.tup.com.cn, 010-83470410

印 装 者:三河市铭诚印务有限公司

经　　销:全国新华书店

开　本:185mm×260mm　　　印　张:16　　　字　数:363 千字

版　次:2017 年 1 月第 1 版　　　印　次:2024 年 2 月第 7 次印刷

定　价:49.00 元

产品编号:072245-02

编审委员会

序 言

PREFACE

　　微电子技术、计算机技术、网络技术、通信技术、多媒体技术等高新科技日新月异的飞速发展和普及应用,不仅有力地促进了各国经济发展、加速了全球经济一体化的进程,而且推动当今世界迅速跨入信息社会。以计算机为主导的计算机文化,正在深刻地影响人类社会的经济发展与文明建设;以网络为基础的网络经济,正在全面地改变传统的社会生活、工作方式和商务模式。当今社会,计算机应用水平、信息化发展速度与程度,已经成为衡量一个国家经济发展和竞争力的重要指标。

　　目前,我国正处于经济快速发展与社会变革的重要时期,随着经济转型、产业结构调整、传统企业改造,涌现了大批电子商务、新媒体、动漫、艺术设计等新型文化创意产业,而这一切都离不开计算机,都需要网络等现代化信息技术手段的支撑。处于网络时代、信息化社会,今天人们所有工作都已经全面实现了计算机化、网络化,当今更加强调计算机应用与行业、企业的结合,更注重计算机应用与本职工作、具体业务的紧密结合。当前,面对国际市场的激烈竞争和巨大的就业压力,无论是企业还是即将毕业的学生,掌握计算机应用技术已成为求生存、谋发展的关键技能。

　　没有计算机就没有现代化! 没有计算机网络就没有我国经济的大发展! 为此,国家出台了一系列关于加强计算机应用和推动国民经济信息化进程的文件及规定,启动了电子商务、电子政务、金税等具有深刻含义的重大工程,加速推进"国防信息化、金融信息化、财税信息化、企业信息化、教育信息化、社会管理信息化",因而全社会又掀起新一轮计算机学习应用的热潮,此时,本套教材的出版具有特殊意义。

　　针对我国应用型大学"计算机应用"等专业知识老化、教材陈旧、重理论轻实践、缺乏实际操作技能训练的问题,为了适应我国国民经济信息化发展对计算机应用人才的需要,为了全面贯彻教育部关于"加强职业教育"精神和"强化实践实训、突出技能培养"的要求,根据企业用人与就业岗位的真实需要,结合应用型大学"计算机应用"和"网络管理"等专业的教学计划及课程设置与调整的实际情况,我们组织北京联合大学、陕西理工学院、北方工业大学、华北科技学院、北京财贸职业学院、山东滨州职业学院、山西大学、首钢工学院、包头职业技术学院、北京科技大学、广东理工学院、北京城市学院、郑州大学、北京朝阳社区学院、哈尔滨师范大学、黑龙江工商大学、北京石景山社区学院、海南职业学院、北京西城经济科学大学等全国 30 多所高校及高职院校的计算机教师和具有丰富实践经验的企业人士共同撰写了此套教材。

　　本套教材包括《数据库技术应用教程(SQL Server 2012 版)》《Web 静态网页设计与排版》《ASP.NET 动态网站设计与制作》《中小企业网站建设与管理》《计算机英语实用教

程》《多媒体技术应用》《计算机网络管理与安全》《网络系统集成》《Access 2010 数据库应用》《操作系统》等。在编写过程中,全体作者严守统一的创新型案例教学格式化设计,采取任务制或项目制写法;注重校企结合,贴近行业企业岗位实际,注重实用性技术与应用能力的训练培养,注重实践技能应用与工作背景紧密结合,同时也注重计算机、网络、通信、多媒体等现代化信息技术的新发展,具有集成性、系统性、针对性、实用性、易于实施教学等特点。

本套教材不仅适合应用型大学及高职高专院校计算机应用、网络、电子商务等专业学生的学历教育,同时也可作为工商、外贸、流通等企事业单位从业人员的职业教育和在职培训,对于广大社会自学者也是有益的参考学习读物。

系列教材编委会

2016 年 10 月

FOREWORD

　　数据库技术是现代信息科学与技术的重要组成部分,是计算机数据处理与信息管理系统的核心。具有强大的事务处理功能和数据分析能力,因而得到社会各界的高度重视。

　　"Access 数据库基础"是目前高等学校开设的一门重要的计算机基础课程,也是计算机网络及软件相关专业中常设的一门专业课;通过学习该课程,使学习者理解数据库基本概念,掌握数据库设计方法,具备利用数据库技术开发数据库应用系统的技能。当前学习 Access 数据库程序设计知识、掌握数据库开发应用的关键技能,已经成为网站及网络信息系统从业工作的先决和必要条件。

　　Access 2010 是 Microsoft Office 办公自动化软件的组成部分,也是一个功能完善的数据库管理系统,提供了完整的数据库创建、开发和管理功能。因其具有概念清晰、界面友好、操作简便、功能完备等特点,成为数据库初学者的首选平台,被广泛应用于各种数据库管理软件的开发,并伴随互联网的广泛应用而得以迅速普及。

　　随着国民经济信息化、企业信息技术应用的迅猛发展,面对 IT 市场的激烈竞争和就业上岗的巨大压力,掌握数据库技术已成为网站及信息管理系统从业者的基本要求。无论是即将毕业的计算机应用、网络专业学生,还是从业在岗的 IT 工作者,努力学好、用好 Access 数据库,掌握现代化编程工具,对于今后的发展都具有特殊意义。

　　本书作为应用型大学本科及高职高专院校计算机专业的特色教材,坚持科学发展观、以学习者应用能力培养提高为主线,按照教育部关于"加强职业教育、突出实践技能培养"的要求,根据应用型大学教学改革的需要,依照 Access 2010 数据库程序设计学习应用的基本过程和规律,采用"任务驱动、案例教学"写法,将实例融入文中,突出实例与理论的紧密结合,循序渐进地进行知识要点讲解。

　　全书共 10 章,以 Access 2010 为数据库基础教学操作平台,主要介绍 Access 2010 数据库基本操作、表、查询、SQL 语言、窗体、报表、宏、模块与 VBA 编程等数据库基础知识,以及 Access 2010 综合应用实例,并通过实例,讲解理论,加强实践,强化技能培养。

　　本书融入了 Access 数据库程序设计的最新实践教学理念,力求严谨,注重与时俱进,具有知识系统、案例丰富、突出实用性、适用范围广及便于学习掌握等特点。

　　本书由李大军筹划并具体组织,刘志丽和尚冠宇担任主编,刘志丽统改稿,赵玮、柴俊霞担任副主编,并由孙岩教授审定。作者编写分工:牟惟仲编写序言,刘志丽编写第 1 章和第 4 章,柴俊霞、唐宏维编写第 2 章,赵玮编写第 3 章,金颖编写第 5 章和第 8 章,柴俊霞编写第 7 章,尚冠宇编写第 6 章和第 9 章,赵玮、刘志丽编写第 10 章;华燕萍、李晓新负责文字修改、版式调整并制作教学课件。

在本书编写过程中,我们参阅了国内外有关 Access 2010 数据库应用的最新书刊及相关网站资料,并得到业界专家、教授的具体指导,在此一并致谢。为方便教学,本书配有电子课件,读者可以从清华大学出版社网站(www.tup.com.cn)免费下载。因编者水平有限,书中难免存在疏漏和不足,恳请专家、同行和读者予以批评、指正。

编　者

2016 年 10 月

CONTENTS

第 1 章

数据库基础知识

 **情景导入**

随着计算机在数据处理领域的广泛应用,数据库技术得到了快速发展,互联网技术的普及更加速了其发展的步伐,使之应用于社会生活的方方面面,如网上购物、银行储蓄、医疗管理、微信服务、学生成绩管理等。

本章主要介绍数据库的相关概念、关系数据库、数据库设计等基础知识。

1.1 数据库概述

数据库技术是计算机技术的重要分支,是计算机数据处理与信息管理的核心,具有强大的数据分析与处理能力。下面介绍数据库的基本概念,这些概念将贯穿数据处理的整个过程。

1.1.1 数据库的基本概念

1. 数据、信息与数据处理

数据(Data)是对客观事物特征的符号化表示,是数据库存储的基本对象。数据不仅包括数字,还有多种表现形式,如文字、图形、图像、声音、动画等。例如,45、"北京"都是数据,45 可以表示某人的年龄,或是某件物品的价格等信息;"北京"可以表示某人的籍贯;某人或某物的照片还可以用图像数据来表示。

信息是经过加工处理并对人类决策产生影响的数据。例如,各门课程的平均分 90 分可以作为评定奖学金的依据。数据是信息的载体和表现形式;信息是对数据语义的解释,是经过加工处理后的有用数据。

数据处理是对数据的加工与整理,是将数据转换为信息的过程,包括对数据的采集、整理、分类、存储、检索、维护、传输等一系列操作。

数据、信息、数据处理三者之间的关系,如图 1-1 所示。

图 1-1　数据、信息、数据处理三者之间的关系

2. 数据库

数据库(DataBase,DB)即数据的仓库,是相互关联的数据的集合。数据库不仅存储数据,还存储数据间的联系。数据库中的数据按一定的组织形式存放在计算机的存储介质上,具有较小的冗余度、较高的数据独立性、共享性与安全性,并能保证数据的一致性与完整性。数据库是数据库系统的核心与管理对象。

3. 数据库管理系统

数据库管理系统(DataBase Management System,DBMS)是位于用户与操作系统之间的数据管理软件,它为用户或应用程序提供操作数据库的接口,包括数据库的建立、使用与维护等。目前常见的大中型数据库管理系统有甲骨文公司的 Oracle 和 MySQL、IBM 公司的 DB2、微软公司的 SQL Server、Sybase 公司的 Sybase 等,小型的数据库管理系统有微软公司的 Access、Visual FoxPro 等。

4. 数据库应用系统

数据库应用系统(DataBase Application System,DBAS)是使用数据库的各类系统,如以数据库为基础的面向内部业务与管理的学生管理系统、图书管理系统、会员管理系统等管理信息系统,以及面向外部提供信息服务的电子政务系统、电子商务系统等开放式信息系统。

5. 数据库系统

数据库系统(DataBase System,DBS)是引入数据库技术的计算机系统。数据库系统由硬件、软件(操作系统、数据库管理系统、数据库应用系统)、数据库与人员(数据库管理员(DBA)、用户)组成。数据库系统的组成如图 1-2 所示。

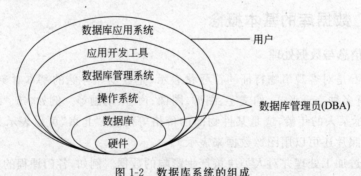

图 1-2　数据库系统的组成

1.1.2　数据库技术的发展

数据库技术是应数据管理任务的需要而产生的,是伴随着计算机软件、硬件技术的发展,以及数据处理量的日益增大而发展的。自计算机诞生后,数据管理技术的发展经历了

人工管理、文件系统、数据库系统三个阶段。

1. 人工管理阶段（20 世纪 50 年代中期以前）

在这一阶段,计算机刚刚出现不久,主要用于科学计算。硬件方面,外存储设备只有磁带机、纸带机、卡片机,没有磁盘等直接存取设备。软件方面,没有操作系统与数据管理软件。数据依赖于特定的应用程序,当数据有所改变时程序也要随之改变,数据缺乏独立性,不同应用程序间不能共享数据,造成数据冗余。数据处理方式采用批处理,处理结果不保存,不能重复使用。人工管理阶段数据管理技术的示意图如图 1-3 所示。

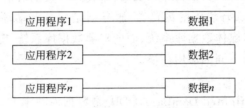

图 1-3　人工管理阶段数据管理技术示意

2. 文件系统阶段（20 世纪 50 年代后期到 60 年代中期）

在这一阶段,计算机不仅用于科学计算,还用于信息管理。硬件方面,有了磁盘、磁鼓等直接存取设备。软件方面,出现了操作系统与高级语言。操作系统中的文件系统将数据组织成数据文件,存储在磁盘上。数据文件可以脱离应用程序而存在,应用程序通过文件名对数据进行访问,应用程序与数据之间具有一定的独立性。但数据文件间缺乏联系,每个应用程序都有对应的数据文件,这样就有可能使同样的数据存在于多个文件中,造成数据冗余。在进行数据更新时,也可能使同一数据在不同文件中有不同的结果,造成数据不一致。文件系统阶段数据管理技术的示意图如图 1-4 所示。

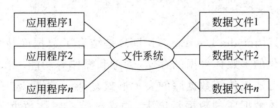

图 1-4　文件系统阶段数据管理技术示意

3. 数据库系统阶段（20 世纪 60 年代后期以后）

在这一阶段,计算机在信息管理领域普通应用,处理的数据量急剧增加。硬件方面取得了重要进展,大容量、快速存取的磁盘进入市场,并且价格大大降低。应用的需求促使软件环境发生改善,数据库管理系统应运而生。数据库系统克服了文件系统的不足,利用数据库管理系统实现数据的统一管理,数据不再面向某个应用程序,而是面向整个系统,具有整体的结构性,数据与应用程序间相互独立,数据彼此联系,共享性高,冗余度小,保证了数据的一致性、完整性与安全性。

数据库系统阶段数据管理技术的示意图如图 1-5 所示。

20 世纪 60 年代诞生的数据库技术标志着数据管理技术产生了质的飞跃。随着计算

图 1-5　数据库系统阶段数据管理技术示意

机技术与网络通信技术的发展,数据库系统结构由主机/终端的集中式结构发展到网络环境的分布式结构、Internet 环境下的浏览器/服务器结构与移动环境下的动态结构,产生了分布式数据库系统、多媒体数据库系统、面向对象数据库系统、专家数据库系统等,以满足不同应用的需求,适应不同的应用环境。

1) 分布式数据库

分布式数据库(Distributed DataBase,DDB)是数据库技术和计算机网络及数据通信技术相结合的产物。分布式数据库的基本思想是将原来集中式数据库中的数据分散存储到多个通过网络连接起来的数据存储结点上,以获得更高的数据访问速度、更强的可扩展性与更高的并发访问量。在分布式数据库系统中不强调集中控制的概念,它具有一个以全局数据库管理员为基础的分层控制结构,但是每个局部数据库管理员都具有高度的自主权。在分布式数据库系统中增加了一个新的概念,就是分布式透明性。所谓分布式透明性,就是在编写程序时好像数据没有被分布一样。因此,数据进行转移时不会影响程序的正确性,但程序的执行速度会有所降低。与集中式数据库系统不同,数据冗余在分布式数据库系统中被看作是所需要的特性,这是因为当在需要的结点复制数据时,可以提高局部的应用性,而且当某结点发生故障时,可以操作其他结点上的复制数据,从而增加系统的有效性。

2) 多媒体数据库

多媒体数据库(Multimedia DataBase,MDB)是结合了数据库技术与多媒体技术,实现对格式化和非格式化的多媒体数据的存储、管理和操作等功能。在多媒体数据库中,数据在计算机内的表示方法比传统数据库的表示形式复杂,数据模型、存储结构等都有别于传统的数据库。多媒体数据库的数据量庞大,如视频等多媒体数据可能会占几个 GB 的空间,数据库应能够支持大对象,在存储上要进行特殊处理,如数据压缩与解压缩等。多媒体数据库要能够协调处理各种媒体数据,正确识别各种媒体数据之间在空间或时间上的关联,如正确表达空间数据的相关特性和配音、文字、视频等复合信息的同步。多媒体数据库系统应提供更强大的适合非格式化数据查询的搜索功能,允许对 Image 等非格式化数据做整体和部分搜索,允许通过范围、知识和其他描述符的确定值和模糊值搜索各种媒体数据。多媒体数据库中非精确匹配和相似性查询将占相当大的比重。

3) 数据仓库与数据挖掘

数据仓库(Data Warehouse,DW 或 DWH)是出于分析性报告和决策支持的目的而创建,是一个面向主题的、集成的、随时间变化的、但信息本身相对稳定的数据集合。面向主题是指数据仓库中的数据是按照一定的主题域进行组织的,而不是面向应用进行组织的；集成是指数据仓库中的数据是在对原有分散的数据库数据抽取、清理的基础上经过系统加工、汇总和整理得到的，必须消除原数据中的不一致性，以保证数据仓库内的信息是关于整个企业的一致的全局信息；稳定是指数据仓库的数据主要供企业决策分析之用，所涉及的数据操作主要是数据查询，一旦某个数据进入数据仓库以后，一般情况下将被长期保留；随时间变化是指数据仓库中的数据通常包含历史信息，记录了企业从过去某一时点到目前的各个阶段的信息，通过这些信息，可以对企业的发展历程和未来趋势做出定量分析和预测。

数据挖掘（Data Mining，DM）又译为资料探勘、数据采矿，它建立在数据库，尤其是数据仓库基础之上，主要基于人工智能、机器学习、神经计算和统计分析等技术，高度自动化地分析企业原有数据，对它们进行归纳性推理，寻找数据间内在的某些关联，从中发掘出潜在的、对信息预测和决策行为起着十分重要作用的模式，从而建立新的业务模型，以达到帮助决策者制定市场策略、做出正确决策的目的。

4）移动数据库

移动数据库（Mobile DataBase）是随着无线通信技术和便携式设备的飞速发展，在数据库领域出现的一个新的发展方向，是能够支持移动式计算环境的数据库，其数据在物理上分散而逻辑上集中。它涉及数据库技术、分布式计算技术、移动通信技术等多个学科。与传统的数据库相比，移动数据库具有移动性、位置相关性、频繁的断接性、网络通信的非对称性等特征。移动数据库系统由移动主机和固定主机两部分组成。移动主机就是可移动的便携式设备，如手机、掌上电脑、笔记本电脑、车载设备等。固定主机就是通常含义上的计算机，它们之间通过高速固定网络进行连接，其中部分固定主机具备无线通信接口并安装相应的软件，可以与移动主机进行数据通信，这类固定主机称为移动支持站。每个移动支持站负责管理某片区域内的所有移动主机，这样的区域称为蜂窝。在一个蜂窝内的移动主机通过无线通信网络与该区域的移动支持站进行通信，完成信息数据的检索。当移动主机在蜂窝间移动时，通常会运行一个交接协议来实现移动支持站管理的交接。

5）空间数据库

空间数据库（Spatial DataBase）是以描述空间位置和点、线、面、体特征的位置数据（空间数据）以及描述这些特征的属性数据（非空间数据）为对象的数据库，其数据模型和查询语言支持空间数据类型和空间索引，并提供空间查询和其他空间分析方法。空间数据具有空间、时间和专题三个基本特征。空间特征是指空间实体的位置、形状、大小及分布等几何特征与空间关系；时间特征指空间数据总是在某一特定时间或时间段内采集或计算得到的，随时间而发生变化；专题特征是指空间现象的其他特征，如地形的坡度、波向、交通流量、空气污染程度等。此外，空间数据还具有多维、多尺度、海量等非空间数据所不具备的特征。凡是需要处理空间数据的应用，都需要建立高效的空间数据库，空间数据库的主要应用领域包括地理信息系统与计算机辅助设计和制造系统。

1.1.3　数据模型

数据库中的数据是对现实世界中事物特征的一种抽象。将现实世界中客观存在的事物或事物之间的联系，以数据的形式存储到计算机的数据库中，显示为一条记录，经历了对事物特征的抽象、概念化到计算机数据库中的具体表现这一逐级抽象过程,即由现实世界抽象为信息世界(也称为概念世界)中的概念模型,再转换为机器世界(也称为数据世界)中某一个DBMS所支持的数据模型,这一过程如图1-6所示。

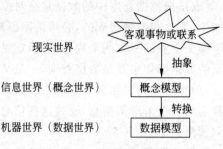

图 1-6　数据处理的过程

1. 信息世界的数据描述

1) 实体(Entity)

实体是指客观存在并相互区别的事物。

实体可以是具体的对象,也可以是抽象的对象,如一个学生、一门课程、一本书、一个部门、一个比赛项目、一张账单等都是实体。

2) 属性(Attribute)

描述实体的特征称为实体的属性。例如,学生实体的属性有学号、姓名、性别、出生日期、联系电话等;图书实体的属性有图书编号、图书名称、作者、出版社、价格等。

3) 实体型(Entity Type)

实体名与实体属性的集合表示一种实体类型称为实体型。如学生实体的实体型表示为学生(学号,姓名,性别,出生日期,联系电话)。

4) 实体集(Entity Set)

同型实体的集合称为实体集。例如,所有学生构成学生实体集;所有图书构成图书实体集。

5) 联系(Relationship)

实体间的对应关系称为实体间的联系,反映现实世界中事物之间的联系。两个实体间的联系称为二元联系,二元联系可以分为三种类型:一对一联系$(1:1)$、一对多联系$(1:N)$和多对多联系$(M:N)$。

(1) 一对一联系$(1:1)$:实体集 A 中的每一个实体最多只与实体集 B 中的一个实体相联系,反之亦然。如一所学校只有一个正校长,而一个正校长只在一所学校任职,则学校与正校长之间就是一对一联系。

(2) 一对多联系$(1:N)$:实体集 A 中的一个实体在实体集 B 中有 $N(N{\geqslant}0)$个实体与之联系,反之,实体集 B 中的一个实体在实体集 A 中最多只有一个实体与之联系。如一个系部有多名教师,而一名教师只属于一个系部,则系部与教师之间就是一对多联系。

(3) 多对多联系$(M:N)$:实体集 A 中的一个实体在实体集 B 中有 $N(N{\geqslant}0)$个实体与之联系,反之,实体集 B 中的一个实体在实体集 A 中也有 $M(M{\geqslant}0)$个实体与之联系。如一个读者可以借阅多本图书,而一本图书也可以被多个读者借阅,则读者与图书之间就是多对多联系。

二元联系的类型如图1-7所示。

2. 三种常见的数据模型

数据模型是DBMS中数据的存储结构,DBMS根据数据模型对数据进行存储与管

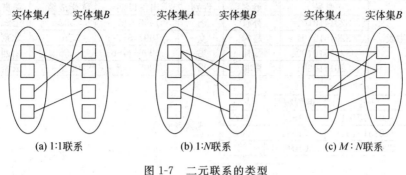

(a) 1:1联系　　　　(b) 1:N联系　　　　(c) M:N联系

图 1-7　二元联系的类型

理。在数据库的发展过程中,常见的数据模型有层次模型、网状模型和关系模型。

1) 层次模型

层次模型是数据库系统中最早出现的一种数据模型。它以倒立的树状层次结构来表示实体及实体之间的联系。树状结构中的每个结点代表一个实体,结点之间的连线表示实体间的一对多联系。

树状结构中最上方的结点称为根结点,有且仅有一个根结点,其他结点有且仅有一个父结点,没有子结点的结点称为叶结点。层次模型结构简单、清晰,查询效率高,但对多对多的联系表示方法不自然,对插入、删除操作的限制较多,实现复杂。层次模型的示例如图 1-8 所示。

2) 网状模型

网状模型是对层次模型的发展,能够更直接地描述现实世界中的多对多联系,层次模型可以看作网状模型的一个特例。网状模型允许多个结点没有父结点,也允许一个结点有多个父结点。网状模型具有良好的性能,存取效率较高,但结构比较复杂,用户不易掌握。网状模型的示例如图 1-9 所示。

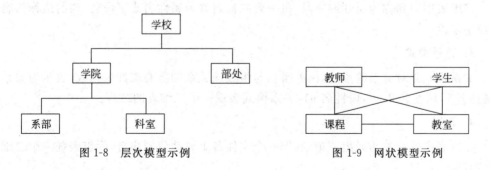

图 1-8　层次模型示例　　　　　　图 1-9　网状模型示例

3) 关系模型

关系模型是目前应用最广泛的一种数据模型。20 世纪 80 年代以后推出的 DBMS 几乎都支持关系模型。关系模型中采用规范化的二维表表示实体及实体间的联系,关系模型的操作对象与结果都是二维表。关系模型结构简单、概念单一,插入、修改、删除操作方便,但查询效率较低。关系模型的示例如图 1-10 所示。

学号	姓名	性别	出生日期	入学成绩	籍贯
S201410101	孙京	男	1996-7-7	502	上海
S201510101	赵舜	女	1997-8-7	516	北京
S201510102	钱伟	男	1996-11-6	466	山西
S201510201	肖非	男	1995-1-2	520	云南

学生表

学号	课程编号	成绩
S201510101	C1021	90
S201510101	C1031	80
S201510201	C1011	85

成绩表

课程编号	课程名称	学分	学时
C1011	高等数学	4	64
C1021	大学英语	4	64
C1031	马克思理论	2	32

课程表

图 1-10   关系模型示例

1.2   关系数据库

应用支持不同数据模型的 DBMS 开发的数据库相应地称为层次数据库、网状数据库与关系数据库。关系数据库基于关系模型,目前应用最为广泛。

1.2.1   关系术语

1. 关系

一个关系就是一张规范化的二维表,每个关系都有一个关系名,即表名。

2. 属性

二维表中的列称为属性或字段,每一列的标题称为属性名或字段名,列的值称为属性值或字段值。

3. 关系模式

关系模式是对关系的描述,由关系名与组成该关系的所有属性名构成,表示为关系名(属性名 1,属性名 2,…,属性名 n),关系模式表现一个二维表的结构。

4. 元组

二维表中的行称为元组或记录,即一个实体各个属性值的集合,元组表现一个二维表中的数据。

5. 域

属性的取值范围称为该属性的域。如性别的取值范围为"男"或"女",成绩的取值范围为 0～100。

6. 主关键字(主码或主键,Primary Key)

在一个关系中,能够唯一标识一个元组的属性或属性组合称为该关系的关键字或码。

在一个关系中可以存在多个关键字或码,均可称为该关系的候选关键字或候选码,从中选择一个可作为该关系的主关键字或主码。如学生表中的学号、身份证号都可以唯一标识一个元组,从中选择学号作为主关键字。一个表只能有一个主关键字,且值不能为空。

7. 外关键字(外码或外键,Foreign Key)

一个关系中的属性或属性组合不是该关系的主关键字或只是主关键字的一部分,但却是另一个关系的主关键字或候选关键字,则称该属性或属性组合为当前关系的外关键字或外码。通过外关键字可实现两个表的联系。

关系的术语示例如图 1-11 所示。

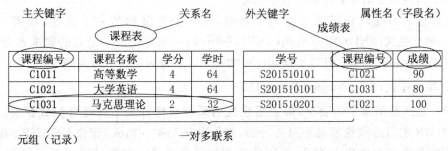

关系模式:课程表(课程编号,课程名称,学分,学时);成绩表(学号,课程编号,成绩)

图 1-11　关系的术语示例

1.2.2　关系规范化

设有选课关系模式:选课(学号,课程编号,姓名,性别,班级,班主任,课程名称,学分,成绩),由于成绩由学号与课程编号决定,所以该关系模式的主关键字为"学号,课程编号"。该关系模式的具体数据如表 1-1 所示。

表 1-1　"选课"表

学　号	课程编号	姓名	性别	班级	班主任	课 程 名 称	学分	成绩
S201510101	C1021	赵舜	女	141 班	张平	大学英语	4	90
S201510101	C1031	赵舜	女	141 班	张平	马克思理论	2	80
S201510201	C1011	肖非	男	142 班	赵新朋	高等数学	4	85
S201510201	C1021	肖非	男	142 班	赵新朋	大学英语	4	100
S201510201	C1041	肖非	男	142 班	赵新朋	计算机应用基础	3	83

从表 1-1 中的数据可见,该关系存在以下问题。

* 数据冗余:如果一个学生选修了多门课程,这个学生的信息(学号,姓名,性别,班级,班主任)就会重复多次。同样,如果一门课程有多人选修,则课程信息(课程编号,课程名称,学分)也将重复多次。

* 插入异常:由于主关键字(学号,课程编号)的值不能为空,当添加一个没有选课的学生信息时就会引起插入异常。同样,当添加一门无人选修的新课时,也会出

现同样的问题。

- 更新异常：由于存在数据冗余，当更新信息时，需要将所有重复的信息同时更新，如更新学号为"S201510201"的学生姓名，当有一个元组没有更新时，便会造成数据不一致的现象。
- 删除异常：当要删除学生信息时，可能造成课程信息被彻底删除。如表1-1中，删除"赵舜"的信息时，"马克思理论"课程信息被彻底删除，引起删除异常。

由此可见，选课关系模式并不是一个合理、有效的关系模式，关系模式需要做进一步规范化处理。所谓规范化，是指按照统一的标准对关系进行优化，以提高关系的质量，为构造一个高效的数据库应用系统打下基础。

关系模式的规范化可以分为几个等级，每一个等级称为一个范式，如第一范式（1NF）、第二范式（2NF）、第三范式（3NF）、……，每一范式比前一范式的要求更为严格，即范式之间存在 1NF⊇2NF⊇3NF⊇…… 的关系。通常满足第三范式即可。

1. 第一范式（First Normal Form，1NF）

第一范式是最基本的要求，即关系模式的所有属性都是不可再分的数据项。如果关系模式 R 的所有属性都是不可再分的，则称 R 满足第一范式，记作 R∈1NF。满足第一范式的关系称为规范化关系，否则称为非规范化关系。非规范化关系示例如表1-2所示。

表1-2　非规范化关系示例

用户名	地　　址			支付方式	……
	地址1	地址2	地址3		
……	……	……	……	……	

2. 第二范式（Second Normal Form，2NF）

如果一个关系模式 R 满足第一范式，且每个非主属性完全函数依赖于主关键字，则称 R 满足第二范式，记作 R∈2NF。

第二范式要求实体的非主属性完全依赖于主关键字。所谓完全依赖，是指不能存在仅依赖主关键字一部分的属性，如果存在，这个属性和主关键字的这一部分应该分离出来形成一个新的实体，新实体与原实体之间是一对多的关系。

例如，在选课（学号，课程编号，姓名，性别，班级，班主任，课程名称，学分，成绩）关系模式中，成绩属性完全依赖于主关键字（学号，课程编号），姓名、性别、班级、班主任属性依赖于主关键字中的学号，即存在部分依赖，而课程名称、学分属性依赖于主关键字中的课程编号，也存在部分依赖。所以选课关系模式不满足第二范式，可以分解如下：

学生（学号，姓名，性别，班级，班主任）

课程（课程编号，课程名称，学分）

选课（学号，课程编号，成绩）

以上三个关系模式均满足第二范式，但学生关系模式仍存在数据冗余，如一个班级有多名学生时，班主任的信息就会重复多次。

3. 第三范式（Third Normal Form，3NF）

如果关系模式 R 满足第二范式，且每个非主属性都不传递依赖于 R 的主关键字，则称 R 满足第三范式，记作 R∈3NF。

第三范式要求实体的非主属性不传递依赖于主关键字。所谓传递依赖，是指如果存在 A→B→C 的决定关系，则 C 传递依赖于 A。

例如，在学生（学号，姓名，性别，班级，班主任）关系模式中，存在学号→班级→班主任的决定关系，所以学生关系模式不满足第三范式，可分解如下：

学生（学号，姓名，性别，班级）

班级（班级，班主任）

将关系模式分解到第三范式，可以在相当程度上减轻数据冗余。但在实际设计中，完全消除冗余是很难做到的，有时为了提高数据检索的处理效率，也允许存在适当的冗余。

1.2.3 关系运算

在对关系数据库进行访问，希望找到所需要的数据时，就要对关系进行关系运算。关系运算有两类：一类是传统的集合运算；另一类是专门的关系运算。关系运算的操作对象是关系，结果也是关系。

1. 传统的集合运算

传统的集合运算包括并（∪）、交（∩）、差（－）与广义笛卡儿积（×）4 种。并、交、差运算要求参加运算的两个关系具有相同的关系模式，即具有相同的结构。设有两个关系 R 与 S，分别存放选修大学英语与马克思理论课程的学生信息，则 R 与 S 并、交、差的集合运算示例，如图 1-12 所示。

R

学号	姓名	性别
S201510101	赵舜	女
S201510201	肖非	男

S

学号	姓名	性别
S201510101	赵舜	女
S201520202	齐璐璐	女

R∩S

学号	姓名	性别
S201510101	赵舜	女

R∪S

学号	姓名	性别
S201510101	赵舜	女
S201510201	肖非	男
S201520202	齐璐璐	女

R－S

学号	姓名	性别
S201510201	肖非	男

图 1-12 R 与 S 并、交、差的集合运算示例

如果关系 R1 有 m 列，关系 R2 有 n 列，则 R1 与 R2 的广义笛卡儿积记作 R1×R2，是一个含有 $m+n$ 列的关系。若 R1 有 k_1 个元组，R2 有 k_2 个元组，则 R1×R2 共有 $k_1×k_2$ 个元组。设 R1、R2 分别存放学生信息与课程信息，则 R1 与 R2 的广义笛卡儿积表示所有可能的选课情况，如图 1-13 所示。

R1

学号	姓名	性别
S201510101	赵舜	女
S201510201	肖非	男

R2

课程编号	课程名称
C1011	高等数学
C1021	大学英语
C1031	马克思理论

R1×R2

学号	姓名	性别	课程编号	课程名称
S201510101	赵舜	女	C1011	高等数学
S201510101	赵舜	女	C1021	大学英语
S201510101	赵舜	女	C1031	马克思理论
S201510201	肖非	男	C1011	高等数学
S201510201	肖非	男	C1021	大学英语
S201510201	肖非	男	C1031	马克思理论

图 1-13   R1 与 R2 的广义笛卡儿积运算示例

2. 专门的关系运算

专门的关系运算包括选择、投影与连接。

（1）选择：从一个关系中找出满足条件的元组的操作称为选择。选择是从行的角度进行的运算，其结果是原关系的一个子集。如在图 1-10 所示的学生表中选择所有"入学成绩"大于 500 分的学生信息，运算结果如表 1-3 所示。

表 1-3   选择运算结果

学号	姓名	性别	出生日期	入学成绩	籍贯
S201410101	孙京	男	1996-7-7	502	上海
S201510101	赵舜	女	1997-8-7	516	北京
S201510201	肖非	男	1995-1-2	520	云南

（2）投影：从一个关系中选择若干属性组成新的关系称为投影。投影是从列的角度进行的运算，其结果所包含的属性个数比原关系少，或者排列顺序不同。如在图 1-10 所示的学生表中查看所有学生的学号、姓名、入学成绩，运算结果如表 1-4 所示。

表 1-4   投影运算结果

学号	姓名	入学成绩	学号	姓名	入学成绩
S201410101	孙京	502	S201510102	钱伟	466
S201510101	赵舜	516	S201510201	肖非	520

（3）连接：将两个关系按一定条件进行横向结合，生成新的关系称为连接。连接运算中，将两个关系的对应属性值相等作为连接条件进行的连接称为等值连接。去除重复属性的等值连接称为自然连接，自然连接是最常用的连接运算。如将图 1-10 所示的课程表与成绩表以课程编号相等作为连接条件进行连接运算，自然连接的结果如表 1-5 所示。

表 1-5 自然连接的结果

课程编号	课程名称	学分	学时	学 号	成绩
C1011	高等数学	4	64	S201510201	85
C1021	大学英语	4	64	S201510101	90
C1031	马克思理论	2	32	S201510101	80

通过以上几种关系运算或关系运算的组合就可以实现对关系数据库中数据的查询操作了。

1.2.4 关系的完整性

关系的完整性是对关系的一种约束条件,是保证关系中数据正确性、有效性与相容性的重要手段。当关系中的数据违反关系的完整性时,系统会出现错误提示信息。关系的完整性包括实体完整性、域完整性、参照完整性。

1. 实体完整性

实体完整性用以确保关系中不会出现重复的元组。通过关系中的主关键字作为唯一的标识,主关键字的取值不能为空值,也不能是重复值。例如,设置学生表中的"学号"字段作为主关键字,则该字段的取值不能为空,也不能重复。设置成绩表中的"学号"和"课程编号"字段作为主关键字,则这两个字段的取值均不能为空,且任意两条记录在这两个字段上的取值不能完全相同。

2. 域完整性

域完整性也称为用户定义的完整性,是指关系中属性的取值范围必须满足用户定义的某种约束规则。可以根据具体的应用需要设置一些检验规则或使用默认值以确保关系的域完整性。例如,在学生表中,设置"性别"字段的默认值为"男",在图书借阅表中,规定"归还日期"大于"借阅日期"等。

3. 参照完整性

参照完整性是指两个相关联的关系中相关数据是否对应一致。参照完整性通过外关键字与主关键字之间的引用规则实现,即外关键字或者取空值,或者等于相应关系中主关键字的某个值。例如,学生表与成绩表是相关联的两个表,实施参照完整性后,成绩表中插入的必须是学生表中已存在的学生的成绩记录,不会出现成绩表中插入的学号在学生表中不存在的情况,从而保证数据的合理性。

1.3 数据库设计

数据库设计是创建数据库应用系统的核心,是指对于一个给定的应用环境,构造最优的数据库模式,建立数据库及其应用系统,使之能够有效地存储数据,满足不同用户的应用需求。数据库设计的过程是一项系统工程,必须采用规范化的设计方法。

1.3.1　数据库设计的步骤

规范化的数据库设计通常分为以下 6 个阶段。

1. 需求分析

需求分析是对数据库应用系统的应用领域进行详细调查,了解用户的各种要求,包括信息要求、处理要求、安全性要求与完整性要求。例如,需要存储哪些数据,实现什么功能,用户的权限以及对存储数据的约束条件等。在充分调查的基础上进行深入分析,描述数据与处理之间的联系,确定数据库设计的基本思路,形成需求分析报告。

2. 概念结构设计

概念结构设计是在需求分析报告的基础上对现实世界进行首次的抽象,将现实世界中事物及事物间的联系抽象为信息世界中的概念模型,即确定实体、属性及实体间的联系。概念模型不依赖于软件、硬件结构,独立于具体的 DBMS,避开了数据库在计算机上的具体实现细节,集中于重要的信息组织结构。

概念模型主要用于设计人员与用户之间的交流,强调语义表达,易于用户理解,并便于更改,通常采用 E-R(Entity-Relationship,实体-联系)模型来描述。

3. 逻辑结构设计

逻辑结构设计是实现从信息世界到机器世界的转换,如图 1-6 所示,即将概念结构设计阶段形成的 E-R 模型转换为某一 DBMS 所支持的数据模型(如关系模型)的过程,该数据模型是可被 DBMS 处理的数据库的逻辑结构。关系数据库的逻辑结构由一组关系模式组成,并可应用关系规范化理论对关系模式进行优化。

4. 物理结构设计

物理结构设计是为逻辑结构设计阶段所形成的数据模型选取一个最适合应用环境的物理结构(包括存储结构和存取方法)。物理结构设计与具体的硬件环境及所采用的 DBMS 密切相关。通常基本的存储结构已由具体的 DBMS 所确定,设计人员主要考虑存储空间、存取时间、存取路径、维护代价等,并设计索引等存取方法。

5. 数据库实施

数据库实施是将前面各个阶段的设计结果借助 DBMS 与其他应用开发工具(如ASP. NET 或 PHP 等)实现的过程,具体包括建立数据库结构、装载初始数据、编制与调试应用程序、数据库试运行等。数据库试运行的结果如果不满足最初的设计目标,就需要返回进行修改,否则便可正式投入使用。

6. 数据库的运行与维护

数据库应用系统试运行合格后即可投入使用,进入运行与维护阶段。由于物理存储的不断变化、用户需求的调整以及一些不可预测的事故等原因,需要对数据库系统进行不断调整与修改,包括数据库的转储与恢复、数据库的安全性与完整性控制、数据库性能的监督、分析与改进以及数据库的重组织与重构造,以保证系统的运行性能与效率。

1.3.2 数据库设计实例

1. 概念结构设计实例

1) E-R 模型

E-R 模型体现实体、属性及实体间的联系之间的关系。

E-R 模型的构成规则如下:

(1) 用矩形框表示实体,在框内写入实体名。

(2) 用菱形框表示实体间的联系,在框内写入联系名。

(3) 用椭圆形框表示属性,在框内写入属性名,并在主关键字下画一条下划线。

(4) 用无向边将实体与属性、实体与联系相连,并在实体与联系间的无向边旁标明联系的类型,如两个实体是一对多的联系,则在一方实体的无向边旁标上 1,在多方实体的无向边旁标上 N。

(5) 联系本身也可以有属性。

2) 概念结构设计实例

【**例 1.1**】 设有图书管理数据库,规则如下:一个出版社(出版社名,地址,电话)可以出版多本图书(书号,书名,作者,价格),一本图书只能由一个出版社出版。一个出版社有一个社长(编号,姓名),一名读者(读者编号,姓名,性别,单位)可以借阅多本图书,一本图书可以被多名读者借阅,每名读者借阅图书时有一个借书日期与一个归还日期。根据该规则绘制出 E-R 模型。

由该规则可以识别出 4 个实体:出版社、图书、社长、读者,实体间的联系构成局部 E-R 模型,如图 1-14 所示。

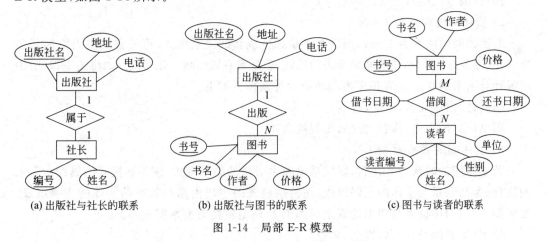

(a) 出版社与社长的联系　　(b) 出版社与图书的联系　　(c) 图书与读者的联系

图 1-14　局部 E-R 模型

将局部 E-R 模型合并为全局 E-R 模型,如图 1-15 所示。

2. 逻辑结构设计实例

关系数据库的逻辑结构设计就是将 E-R 模型转换为关系模式的过程。在将 E-R 模型转换为关系模式的过程中,每一个实体转换为一个关系模式,实体的属性就是关系模式的属性,实体的主码就是关系模式的主码。实体间的联系类型不同,转换为关系模式的方

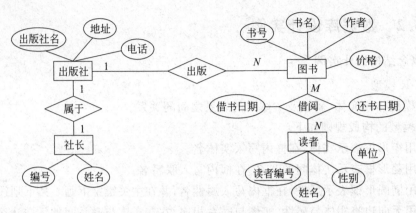

图 1-15   全局 E-R 模型

法也不同。

1）实体间的联系为 1：1

若实体间的联系为 1：1，则联系不单独生成新的关系模式，将一方的主码添加到另一方中，作为另一方的外码，成为联系两表的属性，若联系有属性则一并加入。如将图 1-14(a)中出版社与社长的联系局部 E-R 模型转换为关系模式如下：

出版社（<u>出版社名</u>，地址，电话，编号）

社长（<u>编号</u>，姓名）

或

出版社（<u>出版社名</u>，地址，电话）

社长（<u>编号</u>，姓名，出版社名）

2）实体间的联系为 1：N

若实体间的联系为 1：N，则联系不单独生成新的关系模式，将一方的主码添加到多方中，作为多方的外码，成为联系两表的属性，若联系有属性则一并加入。如将图 1-14(b)中出版社与图书的联系局部 E-R 模型转换为关系模式如下：

出版社（<u>出版社名</u>，地址，电话）

图书（<u>书号</u>，书名，作者，价格，<u>出版社名</u>）

3）实体间的联系为 M：N

若实体间的联系为 M：N，则联系单独生成新的关系模式，该关系模式的属性由联系的属性、参与联系的实体的主码组成，该关系模式的主码由参与联系的实体的主码组成。如将图 1-14(c)中读者与图书的联系局部 E-R 模型转换为关系模式如下：

读者（<u>读者编号</u>，姓名，性别，单位）

图书（<u>书号</u>，书名，作者，价格）

借阅（<u>读者编号</u>，<u>书号</u>，借书日期，归还日期）

【例 1.2】   将图 1-15 的全局 E-R 模型转换为关系模式。

转换后的关系模式如下：

出版社（<u>出版社名</u>，地址，电话）

社长(编号,姓名,出版社名)

图书(书号,书名,作者,价格,出版社名)

读者(读者编号,姓名,性别,单位)

借阅(读者编号,书号,借阅日期,归还日期)

关系模式生成后可应用关系规范化理论进行优化,使其满足 3NF,并进行物理结构设计,之后便可以在所选用的 DBMS 中实现了。

本章小结

本章主要介绍数据库的基本概念、关系数据库与数据库设计的知识,主要内容如下:

- 数据、数据库、数据库管理系统、数据库应用系统、数据库系统的基本概念。
- 数据库技术的发展经历了人工管理阶段、文件系统阶段、数据库系统阶段。
- 三种常见的数据模型分别是层次模型、网状模型、关系模型。
- 现实世界、信息世界和机器世界的信息描述如表 1-6 所示。

表 1-6 现实世界、信息世界和机器世界的信息描述

现实世界	信息世界	机器世界
事物	实体	记录/元组
事物的特征	属性	属性/字段
若干特征刻画的事物	实体型	关系模式
同类事物的集合	实体集	关系/表

- 两个实体间的联系类型有一对一、一对多、多对多联系。
- 关系模式的规范化通常满足第三范式(3NF)即可。
- 关系运算有两类:一类是传统的集合运算(并、交、差与广义笛卡儿积);另一类是专门的关系运算(选择、投影、连接)。
- 关系的完整性包括实体完整性、域完整性与参照完整性。
- 规范化的数据库设计通常分为 6 个阶段,即需求分析、概念结构设计、逻辑结构设计、物理结构设计、数据库实施、数据库的运行与维护。

思考与习题

1. 选择题

(1) 下列数据库软件不属于微软公司产品的是(　　)。

A. Access   B. SQL Server

C. Oracle   D. Visual FoxPro

(2) 数据库中存储的是(　　)。

A. 数据   B. 信息

  C. 数据及数据间的联系　　　　　　　D. 数据模型

（3）数据库管理系统是一个（　　　）。

  A. 软件　　　　　　　　　　　　　B. 硬件

  C. 机构　　　　　　　　　　　　　D. 数据库的集合

（4）Access 支持的数据模型是（　　　）。

  A. 层次模型　　　　B. 网状模型　　　　C. 关系模型　　　　D. 树状模型

（5）下列关于主关键字的说法中，正确的是（　　　）。

  A. 一个表只能有一个主关键字

  B. 一个表中的主关键字只能包含一个字段

  C. 主关键字的值可以为空

  D. 主关键字的值可以重复

（6）二维表中"列"的关系术语是（　　　）。

  A. 记录　　　　　　B. 元组　　　　　　C. 字段　　　　　　D. 域

（7）关系运算中，从一个关系中选择满足条件的元组的操作称为（　　　）。

  A. 投影　　　　　　B. 选择　　　　　　C. 连接　　　　　　D. 并

（8）一本图书只能由一个出版社出版，一个出版社可以出版多本图书，则出版社与图书之间的联系类型是（　　　）。

  A. 多对多　　　　　B. 一对一　　　　　C. 多对一　　　　　D. 一对多

（9）E-R 模型中的实体用（　　　）表示。

  A. 椭圆形　　　　　B. 矩形　　　　　　C. 菱形　　　　　　D. 无向边

2. 填空题

（1）数据库管理系统的英文缩写是_____。

（2）数据管理技术的发展经历了_____、_____和_____ 3 个阶段。

（3）实体间的对应关系称为实体间的联系，两个实体间的联系称为二元联系，二元联系可以分为_____、_____和_____。

（4）数据模型是数据库管理系统中数据的存储结构，根据数据模型对数据进行存储与管理，常见的数据模型有_____、_____和_____。

（5）关系规范化理论中第二范式要求实体的非主属性_____主关键字。

（6）关系运算的对象和结果都是_____。传统的集合运算包括并、交、差和_____。

（7）专门的关系运算包括_____、_____和_____。

（8）从一个关系中选择若干属性组成新的关系称为_____，是从列的角度进行的运算，其结果所包含的属性个数比原关系少，或者排列顺序不同。

（9）关系的完整性是对关系的一种约束条件，是保证关系中数据正确性、有效性与相容性的重要手段，包括_____、_____和_____。

（10）规范化的数据库设计通常分为以下 6 个阶段：_____、_____、逻辑结构设计、物理结构设计、数据库实施、_____。

3. 思考题

(1) 什么是数据库？列举几种常用的数据库管理系统。

(2) 举例说明生活中都用到了哪些数据库应用系统及其对生活的影响。

(3) 实体间的联系类型有哪几种？分别举例说明。

(4) 设某商品销售数据库的规则如下：每名业务员(业务员编号,姓名,性别,联系电话)可以销售多种商品(商品编号,商品名称,规格,价格),每种商品可以被多名业务员销售,业务员销售商品会产生一个销售记录(销售编号,销售数量,销售日期),每种商品属于一种商品类型(类型编号,类型名称,类型描述),每种类型有多种商品。

依据以上规则绘制 E-R 模型,并转换为关系模式,对关系模式进行规范化处理。

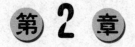

第 2 章

Access 2010 简介与数据库操作

情景导入

Microsoft Office Access 是由微软发布的关系数据库管理系统(RDBMS)。它的功能是维护数据库、接收和完成用户提出的访问数据的各种请求。Access 在实际生活中的用途主要体现在两个方面：一是数据处理、统计分析,如在学生成绩管理系统中,可以统计某门课程每个专业的通过率、优秀率等;二是可以用 Access 来开发软件,例如,图书管理、销售管理、库存管理等各类企业管理软件。

本章主要介绍 Access 2010 的工作环境以及创建数据库、管理数据库等基本操作。

2.1 Access 2010 简介

2.1.1 Access 2010 的新特性

Microsoft Office Access 2010(以下简称 Access 2010)具有强大的数据管理功能,以操作简单、易学易用的特点受到大多数用户的青睐。Access 1.0 诞生于 20 世纪 90 年代中期,多次升级改版后,其功能越来越强大,操作更加简单,尤其是 Access 与 Office 的高度集成,风格统一的操作界面使学习者更容易掌握。目前 Access 2010 已经得到广泛使用,与之前的版本相比,Access 2010 更加注重用户体验,具体体现在以下几个方面。

1) 全新的用户界面

Access 2010 使用功能区代替 Access 2007 以前版本中的多层下拉菜单和工具栏,功能区包含按功能组织的选项卡和命令组,使用户能够轻松地查找到所需的功能与命令。使用导航窗格代替并扩展了 Access 2007 以前版本中的数据库窗口,通过导航窗格可以按对象类型、创建日期、修改日期等组织数据库对象,并可实现导航窗格的折叠,为设计留出更大的空间。

2) 更强大的对象创建工具

Access 2010 为创建数据库对象提供了更直观的环境、更强大的工具。如使用数据库、表、字段等模板可以快速创建并使用数据库对象,在导航窗格中选择一个表或查询后,只要执行"窗体"或"报表"命令,就可以创建该对象的窗体或报表,使操作更加方便、快捷。

3) 新的数据类型和控件

Access 2010 中新增了计算数据类型、附件数据类型、日期/时间字段的内置日历控件等。计算类型的字段可以显示由同一个表中其他数据计算而来的值。附件数据类型允许在数据库中存储图像、表格等各类文档和二进制文件,而不会使数据库大小发生不必要的增长。采用"日期/时间"数据类型的字段和控件会自动获得对所引入的内置交互式日历的支持,日历按钮自动出现在日期的右侧,方便查看与修改日期/时间型数据的值。

4) 改进的宏

Access 2010 中新增了部分宏操作命令外,还包含一个新的宏设计器,它具有智能感知功能和整齐简洁的操作界面。使用新的宏设计器可以创建数据宏,从而在更改表中数据时能够执行相关操作。

5) 新的数据共享方式

Access 2010 取消了数据访问页,但新增了 Web 数据库功能,从而增强了通过网络共享数据库的能力。

2.1.2　安装 Access 2010

由于 Access 2010 是 Office 2010 的一部分,因此只要安装 Office 2010 就能安装上 Access 2010。另外,如果用户已经安装了 Office 2003 或者 Office 2007 版本,可以直接从 Office 2003 或者 Office 2007 版本升级到 Office 2010。

安装过程可参考相关网络资源,鉴于篇幅所限,在此不再赘述。

2.2　数据库的基本操作

2.2.1　启动 Access 2010 并创建数据库

当成功安装 Access 2010 后,就可以运行这个程序了。

【例 2.1】　启动 Access 2010,创建 StudentManage 数据库,将数据库保存在 D:\ Access 文件夹中。

操作步骤如下:

(1) 单击"开始"按钮,选择"程序"→Microsoft Office→Microsoft Access 2010 选项,打开 Access 2010 的启动窗口,如图 2-1 所示。

(2) 单击"空数据库"按钮,在窗口右侧的文件名文本框中输入 StudentManage,单击文件夹按钮,选择数据库的保存位置 D:\Access,单击"确定"按钮,返回 Access 2010 启动窗口,此时右下方显示如图 2-2 所示。

(3) 单击"创建"按钮,StudentManage 数据库创建完成,此时会自动创建一个名为"表1"的数据表,并以数据表视图打开它,如图 2-3 所示。

Access 2007 之前的版本数据库文件以.mdb 为扩展名,Access 2007 之后的数据库文

图 2-1　Access 2010 的启动窗口

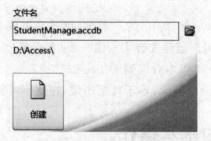

图 2-2　输入数据库文件名并选择保存位置

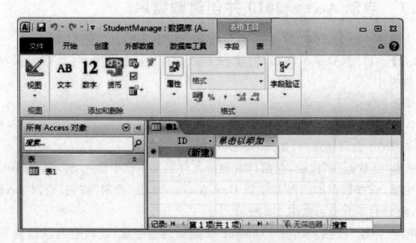

图 2-3　空数据库创建完成后的界面

件以.accdb 为扩展名。

Access 2010 不仅可以通过选择"空数据库"的方式创建数据库,还可以利用本地模板创建数据库,在创建数据库时选择所需的模板即可。

2.2.2　关闭数据库

可以通过以下几种方法关闭 Access 数据库。

(1) 选择"文件"选项卡,执行"关闭数据库"命令,关闭当前打开的数据库,但并不退出 Access 系统。

(2) 单击 Access 窗口右上角的"×"按钮。

(3) 选择"文件"选项卡,单击"退出"按钮。

(4) 按 Alt+F4 组合键。

2.2.3　打开数据库

对于已经存在的 Access 数据库,可以通过双击该数据库文件的图标或是在 Access 主界面中通过"文件"选项卡中的"打开"命令将其打开。

【例 2.2】　打开 D:\Access 文件夹中 StudentManage 数据库。

操作步骤如下:

(1) 启动 Access 2010,在启动窗口的左侧会显示最近所用文件,若所要打开的文件在此列中,单击文件名即可打开。

(2) 选择"文件"选项卡中的"打开"命令,在"打开"的对话框中,"查找范围"下拉列表中选择文件所在的文件夹,从中选择数据库文件名,单击"打开"按钮,即可打开数据库文件。

初次打开 Access 2010 数据库文件后,会弹出一个安全性警告栏,如图 2-4 所示。这是 Access 2010 出于安全考虑,将不安全的文件位置或者数据库部分内容禁用。此处单击"启用内容"按钮,即可顺利执行该文件。

图 2-4　安全警告栏

2.3　Access 2010 的主窗口和数据库对象

2.3.1　Access 2010 主窗口的组成

Access 2010 相对于 Access 2003,界面发生了很大的变化,但是与 Access 2007 非常相似。Access 2010 的界面由多种功能区组成,各个功能区分组明确,便于操作,用起来非常方便。

当创建或打开一个空数据库后，会看到一个全新的 Access 2010 工作环境，如图 2-5 所示。

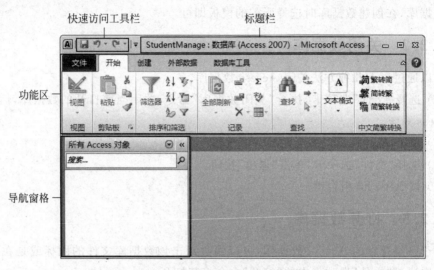

图 2-5   Access 2010 的主窗口

1. 标题栏

标题栏显示当前使用的数据库名称。

2. 快速访问工具栏

快速访问工具栏位于标题栏的左侧，包含一些常用的命令。用户可依据需求向快速访问工具栏中添加命令。单击快速访问工具栏右侧的下拉箭头，在弹出的"自定义快速访问工具栏"菜单中选择要添加的命令，如图 2-6 所示。

若要获得更多命令，可单击菜单栏底部的"其他命令"，将弹出"Access 选项"对话框的"快速访问工具栏"设置界面，如图 2-7 所示。从左侧列表中选择命令，单击"添加"按钮，即可将命令添加到快速访问工具栏中。若要删除命令，从右侧的列表中选择命令，单击"删除"按钮，就可以将命令从快速访问工具栏中删除。单击底部的"重置"按钮，可恢复快速访问工具栏的默认设置。

图 2-6   "自定义快速访问工具栏"菜单

3. 功能区

Access 2010 的功能区代替了旧版 Access 中的菜单栏和工具栏，功能区由选项卡、命令组、命令三部分组成，提供所有的操作命令。除了当前界面能看到的相关命令外，还可以切换到其他选项卡调出相应的操作命令。

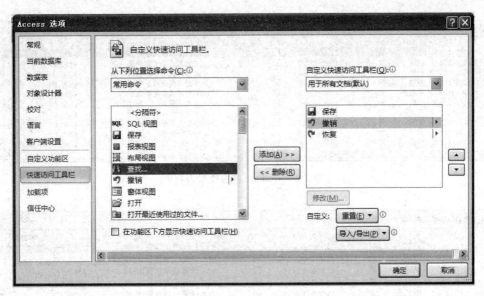

图 2-7 "Access 选项"对话框的"快速访问工具栏"设置界面

4. 导航窗格

导航窗格可以按对象类型、创建日期、修改日期等组织数据库对象,并可对导航窗格进行折叠,为设计留出更大的空间。如果数据库中已经创建了表、查询或窗体等对象,则打开该数据库会显示数据库对象的名称。

2.3.2 Access 2010 的数据库对象

Access 2010 数据库包含表、查询、窗体、报表、宏以及模块 6 种数据库对象,这些对象会共享一个数据库文件。每种数据库对象在数据库中起着不同的作用。表是数据库的核心,所有数据都存储在表中,查询可以从表中查找到满足条件的记录,窗体为数据库提供操作的界面,报表可以格式化地打印输出数据,而宏和模块可用来强化窗体或者报表的功能。

1. 表(Table)

表是数据库中的最基本对象,是创建其他数据库对象的基础。一个数据库中可以包含多个表,在不同表中存放用户所需要的不同主题的数据,其他对象都以表为数据源。存储学生信息的 student 表如图 2-8 所示。

2. 查询(Query)

查询是依据用户的不同需求,对表中数据进行不同的筛选与分析。查询的数据源可以是表或查询。例如,从图 2-8 所示的 student 表中查找"计算机信息管理"专业的学生信息时,可以通过创建查询来实现,查询结果如图 2-9 所示。

3. 窗体(Form)

窗体是用户和数据库系统进行人机交互的界面。通过窗体可以不接触表就方便地输

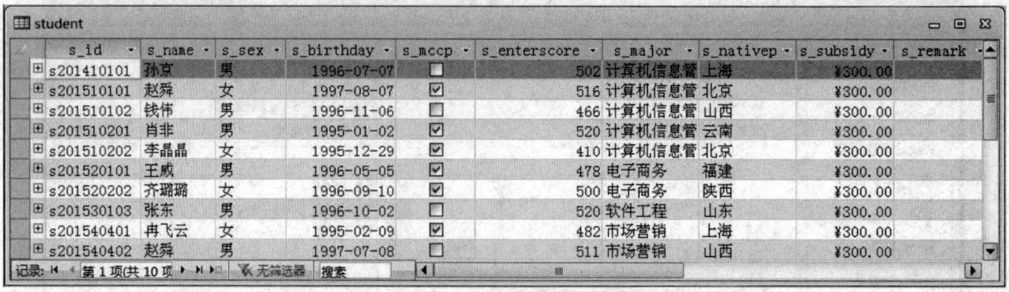

图 2-8　student 表的数据表视图

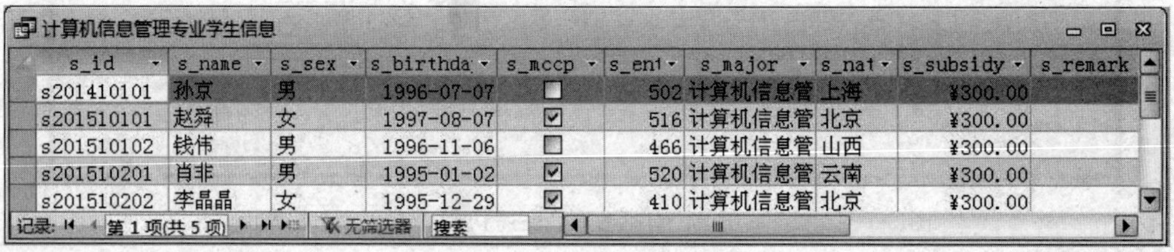

图 2-9　查询结果的数据表视图

入、编辑、查询、排序、筛选和显示表中数据。Access 可以利用窗体将整个数据库组织起来，构成一个完整的应用系统。窗体的数据源可以是表或查询。窗体示例如图 2-10 所示。

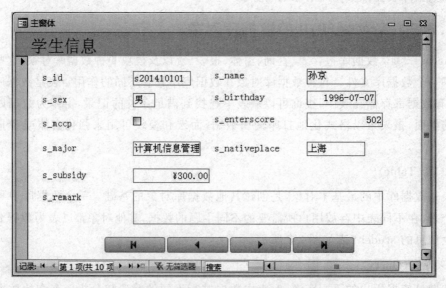

图 2-10　学生信息窗体的窗体视图

4. 报表（Report）

报表主要用于数据的打印输出。可以将表或查询的结果，经过统计、运算后绘制成报表进行格式化输出。报表的数据源可以是表或查询。报表示例如图 2-11 所示。

学生基本情况

s_id	s_name	s_sex	s_birthday	s_mccp	s_enterscore	s_major	s_nativeplace	s_subsidy	s_remark
s201410101	孙京	男	1996/7/7	☐	502	计算机信息管理	上海	¥300.00	
s201510101	赵舜	女	1997/8/7	☑	516	计算机信息管理	北京	¥300.00	
s201510102	钱伟	男	1996/11/6	☐	466	计算机信息管理	山西	¥300.00	
s201510201	肖非	男	1995/1/2	☑	520	计算机信息管理	云南	¥300.00	
s201510202	李晶晶	女	1995/12/29	☑	410	计算机信息管理	北京	¥300.00	
s201520101	王威	男	1996/5/5	☑	478	电子商务	福建	¥300.00	
s201520202	齐璐璐	女	1996/9/10	☑	500	电子商务	陕西	¥300.00	

图 2-11 学生信息报表的打印预览

5. 宏(Macro)

宏是由一个或多个宏操作命令组成的集合,它不直接处理数据库中的数据,而是组织Access数据处理对象的工具。使用宏可以把数据库对象有机地整合起来协调一致地完成特定的任务。

6. 模块(Module)

模块是VBA语言编程的程序集合,功能与宏类似,但模块的功能更强大,可以实现更复杂的操作。

2.4 数据库的管理

2.4.1 数据库的压缩和修复

在数据库的使用过程中,由于经常要对数据进行添加、更新、删除操作或修改数据库的设计,这就会使数据库变得越来越大,致使数据库性能逐渐降低,出现打开对象的速度变慢、查询运行时间更长等情况。因此,要对数据库进行压缩和修复操作。

可以使用以下方法完成数据库的压缩和修复。

1. 关闭数据库时自动执行压缩和修复

若要在关闭数据库时自动完成对数据库的压缩和修复,可以在"Access选项"对话框中进行设置,操作步骤如下:

(1) 选择"文件"选项卡中的"选项"命令。

(2) 在打开的"Access选项"对话框的左侧选择"当前数据库"选项。

(3) 在"应用程序选项"区域选中"关闭时压缩"复选框,如图2-12所示。单击"确定"按钮。

2. 手动压缩和修复数据库

若要对当前打开的数据库进行手动压缩与修复,可以执行以下操作步骤。

(1) 选择"文件"选项卡中的"信息"命令。

(2) 单击"压缩和修复数据库"按钮,如图2-13所示。

图 2-12　"Access 选项"对话框的"当前数据库"设置界面

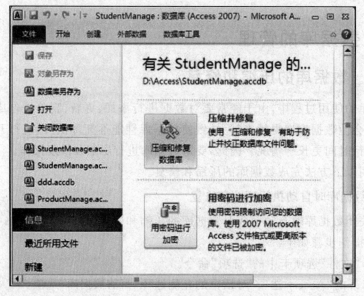

图 2-13　手动压缩和修复数据库的设置

2.4.2　数据库的安全管理

1. 加密数据库

为了保护数据库不被其他用户使用或修改,可以给数据库设置访问密码。设置密码后,还可以根据需要撤销密码或重新设置新密码。

1）设置密码

设置密码必须以独占方式打开数据库。

【例2.3】 为StudentManage数据库设置密码。

操作步骤如下：

（1）启动Access 2010，选择"文件"选项卡中的"打开"命令，在"打开"对话框的"查找范围"下拉列表中选择文件所在的文件夹，从中选择数据库StudentManage，单击"打开"按钮旁的箭头，选择"以独占方式打开"，如图2-14所示。

（2）选择"文件"选项卡中的"信息"命令，单击"用密码进行加密"按钮，如图2-13所示。

（3）在打开的"设置数据库密码"对话框的"密码"和"验证"文本框中分别输入相同的密码，如图2-15所示。单击"确定"按钮，完成密码的设置。

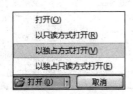

图2-14 "以独占方式打开"数据库

图2-15 "设置数据库密码"对话框

2）撤销密码

撤销密码也必须先以独占方式打开数据库。

【例2.4】 撤销StudentManage数据库的密码。

操作步骤如下：

（1）以独占方式打开StudentManage数据库，在"要求输入密码"对话框中输入例2.3中设置的密码，单击"确定"按钮。

（2）选择"文件"选项卡中的"信息"命令，单击"解密数据库"按钮。

（3）在打开的"撤销数据库密码"对话框的"密码"文本框中输入密码，如图2-16所示。单击"确定"按钮，完成撤销密码的操作。

2. 隐藏数据库对象

图2-16 "撤销数据库密码"对话框

在Access 2010中，为了保护数据库对象，可将对象隐藏起来。隐藏的对象以灰色图标显示，方便与未设置隐藏的对象区别。

1）隐藏数据库对象

在导航窗格中选中要隐藏的数据库对象，例如，一个名为"表1"的表，按下Alt＋Enter组合键或右击选择"表属性"命令，在打开的"表1 属性"对话框中勾选"隐藏"复选框，单击"确定"按钮，如图2-17所示，此时对象隐藏起来。默认情况下，隐藏的数据库对象是不显示的。

2）取消隐藏数据库对象

若要取消隐藏数据库对象，首先需要将隐藏的对象显示出来，在导航窗格上部的"所有 Access 对象"上右击，在快捷菜单中选择"导航选项"，如图 2-18 所示。在弹出的"导航选项"对话框中，勾选"显示隐藏对象"复选框，如图 2-19 所示，单击"确定"按钮，此时隐藏的数据库对象将以灰色图标显示在导航窗格中。右击想要取消隐藏的数据库对象，在"属性"对话框中去除"隐藏"复选框，如图 2-17 所示，对象将取消隐藏。

图 2-17　隐藏数据库对象

图 2-18　"导航选项"命令

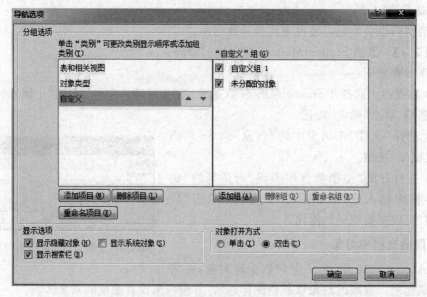

图 2-19　显示隐藏对象

2.4.3　Access 版本的转换

在 Access 2010 中，可以将当前版本的数据库与以前版本的数据库相互转换，转换的方法相同。

【例 2.5】 将 StudentManage. accdb 数据库另存为与 Access 2002-2003 兼容的副本,命名为 StudentManage 2003. mdb。

操作步骤如下:

(1) 打开要转换的数据库 StudentManage. accdb。

(2) 选择"文件"选项卡中的"保存并发布"命令,打开"文件类型"与"数据库另存为"窗格,如图 2-20 所示。

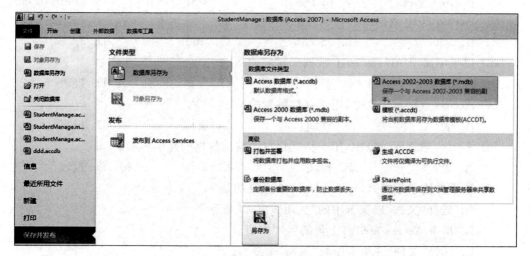

图 2-20 "文件类型"与"数据库另存为"窗格

(3) 在"文件类型"窗格中单击"数据库另存为"按钮,在右侧的"数据库另存为"窗格中选择"Access 2002-2003 数据库(* . mdb)"按钮,单击下方的"另存为"按钮。

(4) 在打开的"另存为"对话框中,选择数据库的保存位置,在"文件名"文本框中输入 StudentManage 2003,单击"保存"按钮。

本章小结

本章主要介绍 Access 2010 的新特性、工作环境以及创建、管理数据库的基本操作。主要内容如下:

- Access 2010 的新特性主要体现在以下几个方面:全新的用户界面、更强大的对象创建工具、新的数据类型和控件、改进的宏、新的数据共享方式。
- 创建数据库、打开数据库、关闭数据库的方法。
- Access 2010 的数据库对象有表、查询、窗体、报表、宏、模块。
- 数据库的压缩和修复方法。
- 设置数据库密码与撤销密码的方法。
- 隐藏及取消隐藏数据库对象的方法。
- 数据库版本转换的方法。

思考与习题

1. 选择题

(1) Access 是一个(　　)系统。

　　A. 文字处理　　　　B. 电子表格　　　　C. 多媒体制作　　　D. 数据库管理

(2) Access 2010 数据库的扩展名是(　　)。

　　A. .dbf　　　　　　B. .accdb　　　　　C. .mdb　　　　　D. .xlsx

(3) 以下不属于 Access 2010 数据库对象的是(　　)。

　　A. 表　　　　　　　B. 查询　　　　　　C. 数据访问页　　　D. 报表

(4) Access 数据库对象中,用于存放数据的是(　　)。

　　A. 表　　　　　　　B. 查询　　　　　　C. 窗体　　　　　　D. 报表

(5) Access 数据库对象中,用于格式化打印输出数据的是(　　)。

　　A. 表　　　　　　　B. 模块　　　　　　C. 窗体　　　　　　D. 报表

(6) 以下方法中不能退出 Access 2010 系统的是(　　)。

　　A. 选择"文件"选项卡中的"关闭数据库"命令

　　B. 单击 Access 窗口右上角的"×"按钮

　　C. 选择"文件"选项卡中的"退出"命令

　　D. 按 Alt＋F4 组合键

(7) 以下说法中正确的是(　　)。

　　A. Access 2010 不能打开用 Access 2003 创建的数据库

　　B. 在 Access 2010 中,不可以将数据库另存为 Access 2003 兼容的格式

　　C. Access 2010 中可以创建多个表

　　D. Access 2010 中的数据存储在表和查询中

(8) 在 Access 2010 中,要实现在关闭数据库时自动压缩和修复数据库,应在(　　)选项卡中选择相应命令进行设置。

　　A. 开始　　　　　　B. 创建　　　　　　C. 数据库工具　　　D. 文件

2. 填空题

(1) Access 2010 的数据库对象有表、查询、宏、_____、_____和_____。

(2) Access 2010 的功能区由_____、_____和_____三部分组成。

(3) Access 中的_____对象是其他数据库对象的基础。

(4) Access 中的_____对象是用户和数据库系统进行人机交互的界面。

(5) Access 中窗体和报表的数据来源可以是_____或_____。

(6) 在 Access 2010 中,若要为数据库设置密码,需要以_____方式打开数据库。

3. 思考题

(1) Access 2010 数据库相对于其他版本的数据库有什么新特性?

(2) 列举关闭 Access 数据库的方法。

（3）Access 2010 数据库的对象有哪些？分别说明各个数据库对象的作用。

（4）如何实现对 Access 2010 数据库的压缩与修复？

4. 操作题

（1）启动 Access 2010，在 D：\Access 文件夹中创建 ProductManage 数据库。

（2）为 ProductManage 数据库设置密码。

（3）对 ProductManage 数据库进行压缩和修复。

（4）将 ProductManage 数据库另存为与 Access 2002-2003 兼容的格式。

第 3 章

表

情景导入

　　创建一个数据库应用系统，首先需要进行各种数据信息的存储。数据的存储需要在创建数据库的基础上进行表的创建。

　　本章主要介绍创建表的方法、表结构的修改、字段属性的设置、表记录编辑、创建表间关系等知识。

3.1　表结构与字段的数据类型

　　数据的存储需要通过创建表以及对表进行操作来完成。表通常由表名、表结构和表内容组成。当要创建一个表时，首先要确定表名；再确定表由哪些数据项（字段）组成，即表结构；然后确定每个字段存放数据的内容和属性，即数据类型；最后将数据输入表中，即表内容。其中，字段是表的基本存放单元，而数据类型定义了该字段能存储什么样的数据。在 Access 2010 中，字段的数据类型有以下几种。

　　1）文本（Text）

　　文本型字段用来存放字符数据，允许最大 255 个字符，且系统只保存输入到字段中的字符，不保存文本字段中未用位置上的空字符。可以通过设置"字段大小"属性来控制可输入的最大字符长度。

　　2）备注（Memo）

　　备注型字段用来保存长度较长的文本，它允许字段能够存储长达 65536 个字符的内容。但 Access 不能对备注字段进行排序或索引。在备注型字段中虽然可以搜索文本，但却不如在有索引的文本型字段中搜索速度快。

　　3）数字（Number）

　　数字型字段可以用来存储进行算术计算的数值数据，用户还可以设置"字段大小"属性定义一个特定的数字类型，如"字节""整型""长整型""单精度型""双精度型""同步复制ID""小数"等。

4）日期/时间（Date/Time）

日期/时间型字段用来存储日期、时间或日期时间的组合，每个日期/时间字段占用 8 字节的存储空间。

5）货币（Currency）

货币型字段是数字型的特殊类型，等价于具有双精度属性的数字型字段类型。向货币型字段输入数据时，系统会自动添加货币符号和千位分隔符，并默认添加两位小数。当输入数据的小数部分多于设置的小数位数时，系统会对数据进行四舍五入。货币型数据可以精确到小数点左侧 15 位数和右侧 4 位数。

6）自动编号（Auto-number）

自动编号型字段较为特殊，当向表中添加新记录时，自动编号型字段的数据无须输入，系统会自动插入一个唯一的顺序号。自动编号一旦被指定，就会永久地与记录连接。当添加一条新记录时，系统不会使用已被删除过的自动编号字段的数值，而是重新按规律赋值。一个表只能有一个自动编号型字段。

7）是/否（Yes/No）

是/否型字段是针对某一字段中只包含两个不同的可选值而设立的字段，如婚否、是否党员等字段。通过设置是/否型字段的"格式"属性，可以决定是/否型字段的显示形式，如 True/False、Yes/No 或 On/Off。

8）OLE 对象

OLE 对象型字段允许字段单独地"链接"或"嵌入"OLE 对象。链接或嵌入 Access 表中的 OLE 对象是指在其他使用 OLE 协议程序创建的对象，如 Word 文档、Excel 电子表格、图像、声音或其他二进制数据等。OLE 对象字段最大可为 1GB，它主要受磁盘空间限制。

9）超链接（Hyperlink）

超链接型字段主要用来保存超链接地址，包含作为超链接地址的文本或以文本形式存储的字符与数字的组合。当单击一个超链接时，系统将根据超链接地址到达指定的目标。

10）附件（Attachment）

附件型字段是 Access 2010 新增的数据类型。使用附件可以将多个不同类型的文件附加到单个字段中，每个文件的大小不超过 256MB，附件总的大小不得超过 2GB。

11）计算（Computed）

计算型字段是 Access 2010 新增的数据类型。计算型字段的值可以通过同一个表中其他数据计算而得到。使用计算型字段可以使原来只能在查询中实现的计算功能在表中就可以实现。

12）查阅向导（Lookup Wizard）

查阅向导型字段为用户提供了一个建立字段内容的列表，可以在列表中选择所列内容作为添入字段的内容。

在 StudentManage 数据库中有 3 个表，表结构如表 3-1～表 3-3 所示，表内容如图 3-1～图 3-3 所示。

表 3-1 student 表结构

字段名称	数据类型	字 段 属 性	字段说明
s_id	文本	字段大小：10，不允许为空	学号
s_name	文本	字段大小：10，不允许为空	姓名
s_sex	文本	字段大小：2	性别
s_birthday	日期/时间	格式：短日期	出生日期
s_mccp	是/否	默认属性	是否党员
s_enterscore	数字	字段大小：单精度型，小数位数：1	入学成绩
s_major	文本	字段大小：20	专业
s_nativeplace	文本	字段大小：10	籍贯
s_subsidy	货币	默认属性	补助
s_remark	备注	默认属性	其他说明

表 3-2 course 表结构

字段名称	数据类型	字 段 属 性	字段说明
c_id	文本	字段大小：5，不允许为空	课程编号
c_name	文本	字段大小：20，不允许为空	课程名称
c_credit	数字	字段大小：整型	学分
c_period	数字	字段大小：整型	学时
c_type	文本	字段大小：20	课程类型
c_term	文本	字段大小：10	开课学期

表 3-3 score 表结构

字段名称	数据类型	字 段 属 性	字段说明
s_id	文本	字段大小：10，不允许为空	学号
c_id	文本	字段大小：5，不允许为空	课程编号
score	数字	字段大小：长整型	考试成绩

s_id	s_name	s_sex	s_birthday	s_mccp	s_enterscore	s_major	s_nativeplace	s_subsidy	s_remark
s201410101	孙京	男	1996/7/7	FALSE	502	计算机信息管	上海	¥300.00	
s201510101	赵舜	女	1997/8/7	TRUE	516	计算机信息管	北京	¥300.00	
s201510102	钱伟	男	1996/11/6	FALSE	466	计算机信息管	山西	¥300.00	
s201510201	肖非	男	1995/1/2	TRUE	520	计算机信息管	云南	¥300.00	
s201510202	李晶	女	1995/12/29	FALSE	410	计算机信息管	北京	¥300.00	
s201520101	王威	男	1996/5/5	TRUE	478	电子商务	福建	¥300.00	
s201520202	齐璐	女	1996/9/10	TRUE	500	电子商务	陕西	¥300.00	
s201530103	张东	男	1996/10/2	FALSE	520	软件工程	山东	¥300.00	
s201540401	冉飞	女	1995/2/9	TRUE	482	市场营销	上海	¥300.00	
s201540402	赵舜	男	1997/7/8	FALSE	511	市场营销	山西	¥300.00	

图 3-1 student 表内容

c_id	c_name	c_credit	c_period	c_type	c_term
c1011	高等数学	4	64	通识教育	1\2
c1021	大学英语	4	64	通识教育	1\2\3\4
c1031	马克思理论	2	32	通识教育	1\2
c1041	计算机应用基础	3	48	基础素质	
c1051	计算机网络	4	64	专业核心	2
c1061	数据库基础	5	80	专业核心	3
c1071	多媒体技术	2	32	专业选修	4

图 3-2　course 表内容

s_id	c_id	score
s201510101	c1021	90
s201510101	c1031	80
s201510102	c1041	98
s201510102	c1051	56
s201510201	c1011	85
s201510201	c1021	100
s201510201	c1041	83
s201520202	c1031	95

图 3-3　score 表内容

3.2　创建表

创建表是确定表的组织形式,包括定义表名、定义表中的字段(即字段名)、数据类型和字段属性等。

创建表的方法主要有:使用设计视图创建表、使用数据表视图创建表和使用导入方式创建表。

3.2.1　使用设计视图创建表

【例 3.1】　在 StudentManage 数据库中,使用设计视图创建 student 表,表结构如表 3-1 所示。

操作步骤如下:

(1) 打开 StudentManage 数据库,选择功能区上的"创建"选项卡中的"表格"组,单击"表设计"按钮,如图 3-4 所示。

(2) 打开表的设计视图,按照表 3-1 的 student 表结构,在字段名称列输入字段名称,在数据类型列中选择相应的数据类型,说明列是可选的,可以在该列中给字段做出解释,在"常规"属性窗格中设置字段属性,如字段大小、允许空字符串等,如图 3-5 所示。

图 3-4　"表设计"按钮

(3) 在表的创建过程中,可以为表定义主键。在 student 表中,s_id 字段是主键。在表设计视图中,选择 s_id 字段,右击,从快捷菜单中选择"主键",或选择"表格工具/设计"选项卡中的"工具"组,单击"主键"按钮,如图 3-6 所示,设置完成后,主键列前会出现 🔑 标识。

(4) 单击快速访问工具栏中的"保存"按钮,在"另存为"对话框中输入表名称 student,单击"确定"按钮。

3.2.2　使用数据表视图创建表

【例 3.2】　使用数据表视图创建 course 表,表结构如表 3-2 所示。

操作步骤如下:

(1) 打开 StudentManage 数据库,选择"创建"选项卡中的"表格"组,单击"表"按钮,这时将创建名为"表 1"的新表,并在"数据表视图"中打开它。

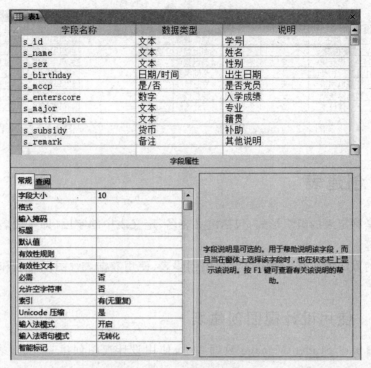

图 3-5   student 表的设计视图

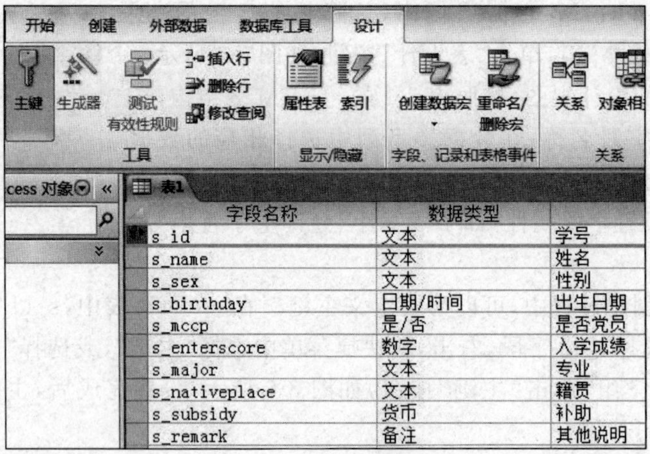

图 3-6   定义主键

（2）选中 ID 字段，在"表格工具/字段"选项卡中的"属性"组中，单击"名称和标题"按钮，如图 3-7 所示。在打开的"输入字段属性"对话框中的"名称"文件框中输入 c_id，如图 3-8 所示，单击"确定"按钮。

（3）选中 c_id 列，在"表格工具/字段"选项卡中的"格式"组中，把"数据类型"设置为"文本"，在"属性"组中将字段大小设置为 5，如图 3-9 所示。

图 3-7 表格工具-字段

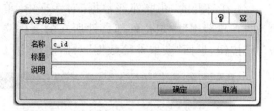

图 3-8 输入字段名称

（4）在 c_id 下方的单元格中输入课程编号 c1011,在"单击以添加"下面的单元格中,输入课程名"高等数学",这时 Access 自动为新字段命名为"字段 1",如图 3-10 所示。

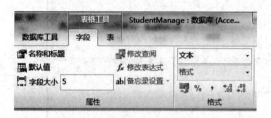

图 3-9 设置数据类型和字段大小

图 3-10 添加新字段

（5）执行步骤（3）的操作,把"字段 1"的名称修改为 c_name,数据类型设置为"文本",字段大小为 20。

（6）以同样方法,按照表 3-2 的表结构,依次定义 course 表的其他字段,并根据图 3-2 所示输入数据,如图 3-11 所示。

	c_id	c_name	c_credit	c_period	c_type	c_term	单击以添加
1		高等数学	4	64	通识教育	1\2	
2		大学英语	4	64	通识教育	1\2\3\4	
3		马克思理论	2	32	通识教育	1\2	
4		计算机应用基	3	48	基础素质	1	
5		计算机网络	4	64	专业核心	2	
6		数据库基础	5	80	专业核心	3	
7		多媒体技术	2	32	专业选修	4	

图 3-11 输入数据的结果

（7）保存表,输入表名 course。

3.2.3 使用导入方式创建表

在 Access 2010 中,可以通过导入存储在其他位置的数据信息来创建表,可以导入 Excel 电子表格、ODBC 数据库、文本文件、XML 文件及其他类型文件中的数据。

【例 3.3】 使用导入方式,将 score.xlsx 中的数据导入到数据库 StudentManage 中,创建 score 表。

操作步骤如下:

　　(1) 打开 StudentManage 数据库,选择"外部数据"选项卡中的"导入并链接"组,单击 Excel。

　　(2) 在打开的"获取外部数据"对话框中,单击"浏览"按钮,在打开的"打开"对话框中,在"查找范围"中定位外部文件所在的文件夹,选中导入数据源文件 score. xlsx,单击 "打开"按钮,返回"获取外部数据"对话框,如图 3-12 所示,单击"确定"按钮。

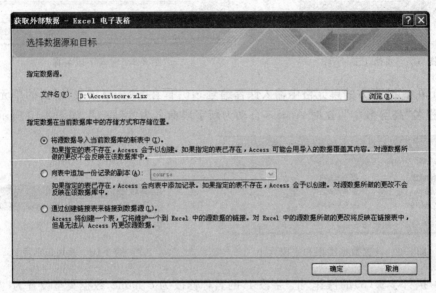

图 3-12　选择数据源和目标

　　(3) 在打开的"导入数据表向导"对话框中,选择 score 工作表,单击"下一步"按钮。

　　(4) 选中"第一行包含列标题"复选框,然后单击"下一步"按钮,如图 3-13 所示。

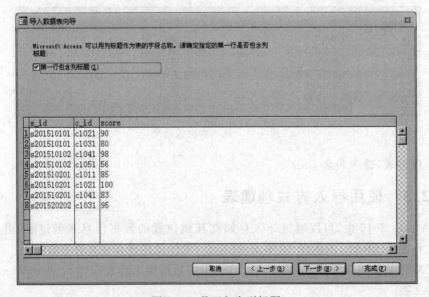

图 3-13　是否包含列标题

（5）在打开的指定导入每一字段信息对话框中，指定 s_id 字段的数据类型为"文本"，索引项为"有（有重复）"，然后依次选择其他字段，设置 c_id 字段的数据类型为"文本"，设置 score 字段的数据类型为单精度型，如图 3-14 所示，单击"下一步"按钮。

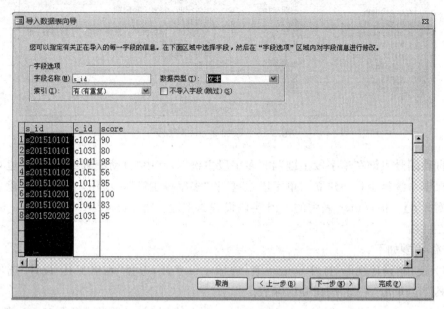

图 3-14　字段选项设置

（6）在打开的定义主键对话框中，选中"不要主键"，然后单击"下一步"按钮。

（7）在"导入到表"文本框中，输入表名 score，单击"完成"按钮。

3.3　修改表

3.3.1　修改表结构

表在创建完成后，可以根据需要对表的结构进行修改，包括添加字段、删除字段、设置主键等。

【例 3.4】 在 student 表的 s_remark 字段前添加 s_email 字段，数据类型为文本。

操作步骤如下：

（1）在导航窗格中选择 student 表，右击选择"设计视图"，在表的设计视图中，选择 s_remark 字段并右击，从快捷菜单中选择"插入行"命令。

（2）在 s_remark 字段前的空白行输入字段名称 s_email，数据类型设置为"文本"，如图 3-15 所示，单击"保存"按钮。

【例 3.5】 删除 student 表中的 s_email 字段。

操作步骤：使用"设计视图"打开 student 表，选择 s_email 字段并右击，选择"删除行"命令，单击"保存"按钮。

数据库中的各表之间是有关联的，为了实现关联，需要给各个表设置一个主键。主键

字段名称	数据类型	说明
s_id	文本	学号，字段大小：10，不允许为空
s_name	文本	姓名，字段大小：10，不允许为空
s_sex	文本	性别，字段大小：2
s_birthday	日期/时间	出生日期，格式：短日期
s_mccp	是/否	是否党员
s_enterscore	数字	入学成绩，字段大小：单精度型，小数位数：1
s_major	文本	专业，字段大小：20
s_nativeplace	文本	籍贯，字段大小：10
s_subsidy	货币	补助
s_email	文本	
s_remark	备注	其他说明

图 3-15　添加 s_email 字段

分为"自动编号主键""单字段主键"和"多字段主键"。其中"自动编号主键"可在建立表结构时，根据系统提示自动建立，"单字段主键"和"多字段主键"可由用户根据需要建立。

【例 3.6】 将 course 表中的 c_id 字段设置为主键。将 score 表中的 s_id 和 c_id 字段设置为主键。

操作步骤如下：

（1）使用"设计视图"打开 course 表，选择 c_id 字段，选择"表格工具/设计"选项卡中的"工具"组，单击"主键"按钮并保存表。

字段名称	数据类型
s_id	文本
c_id	文本
score	数字

图 3-16　多字段主键

（2）使用"设计视图"打开 score 表，选择 s_id 字段，在字段属性中将字段大小设置为 10，将 c_id 字段的字段大小设置为 5。

（3）同时选择 s_id、c_id 字段并右击，从快捷菜单中选择"主键"命令，如图 3-16 所示，保存表。

3.3.2　设置字段属性

数据表的创建过程中，需要对各字段的属性进行有针对性的定义，包括字段格式设置、输入掩码设置、有效性规则和文本设置、自动查阅字段创建等。

【例 3.7】 将 score 表中的 score 字段的字段大小设置为"单精度型"，格式设置为"固定"，"小数位数"设置为 1。

操作步骤如下：

（1）使用"设计视图"打开 score 表，选择 score 字段。

（2）在"格式"属性框的列表中选择"固定"。

（3）在"小数位数"属性框的列表中选择 1，如图 3-17 所示，保存表。

【例 3.8】 为 student 表中 s_id 字段设置输入掩码属性，要求该字段的输入值必须是长度为

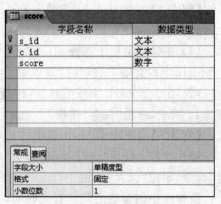

图 3-17　设置字段属性

10 的字母或数字。

　　输入掩码用于进一步限制数据的输入格式,保持数据格式的一致,以屏蔽非法输入。如"邮编"字段的值只能是由 6 个数字组成的字符串。常用的输入掩码字符与含义如表 3-4 所示。

表 3-4　常用的输入掩码字符与含义

掩码字符	含　义
0	只能输入一位数字
9	可以输入一位数字或空格,不允许使用加号、减号
♯	可以输入一位数字或空格,允许使用加号、减号
L	只能输入一位字母
A	只能输入一位字母或数字
a	可以输入一位字母、数字或空格

操作步骤如下:

(1) 使用"设计视图"打开 student 表,选择 s_id 字段。

(2) 在"输入掩码"属性框中输入 AAAAAAAAAA,如图 3-18 所示,保存表。

　　【例 3.9】 设置 score 表中 score 字段的输入值为 0~100,当不符合要求时,显示"输入值超出所定义的范围"的提示信息。

操作步骤如下:

(1) 使用"设计视图"打开 score 表,选择 score 字段。

(2) 在"有效性规则"属性框中输入>=0 And <=100。

(3) 在"有效性文本"属性框中输入"输入值超出所定义的范围",如图 3-19 所示。保存表。

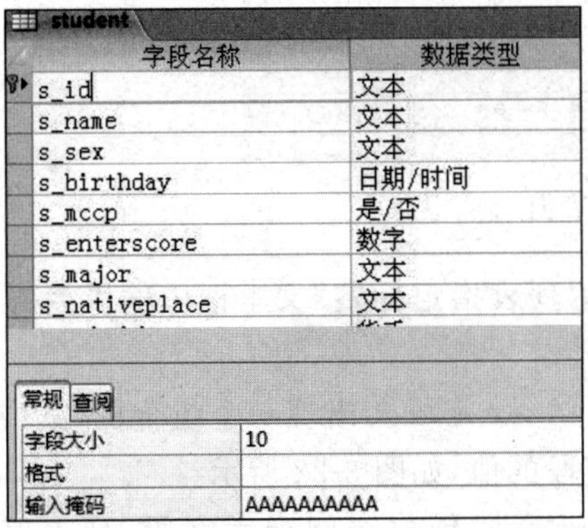

图 3-18　设置输入掩码

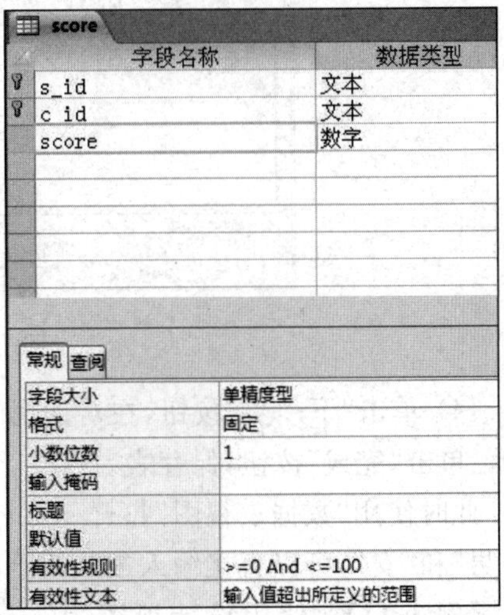

图 3-19　定义有效性规则和有效性文本

【例 3.10】 使用查阅向导为 student 表的 s_sex 字段创建查阅列表字段,列表值为
"男"和"女"。

操作步骤如下:

(1)使用"设计视图"打开 student 表,选择 s_sex 字段。

(2)在"数据类型"列中选择"查阅向导",打开"查阅向导"对话框,选中"自行键入所
需的值"选项,如图 3-20 所示,单击"下一步"按钮。

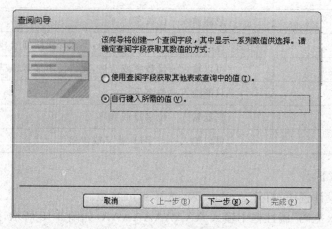

图 3-20 "查阅向导"对话框

(3)在"第 1 列"下依次输入"男"和"女"两个值,列表设置结果如图 3-21 所示。

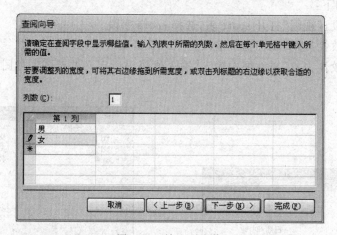

图 3-21 输入列表值

(4)单击"下一步"按钮,在对话框的"请为查阅列表指定标签"文本框中输入名称 s_
sex。单击"完成"按钮,保存表。

此时使用"数据表视图"打开 student 表,单击 s_sex 字段会出现一个组合框,其中显
示"男"和"女",可以直接输入或从组合框中选择字段的值,如图 3-22 所示。

【例 3.11】 使用设计视图为 score 表的 s_id 字段创建查阅列表字段,列表值为
student 表中的 s_id 字段值。

操作步骤如下：

（1）使用"设计视图"打开 score 表，选择 s_id 字段，在"字段属性"的"查阅"选项卡中的"显示控件"中选择"组合框"。

（2）在"行来源类型"中选择"表/查询"。

（3）在"行来源"中单击右侧的按钮 ⋯，在"显示表"对话框中选择 student 表，单击"添加"按钮，如图 3-23 所示。关闭"显示表"对话框。

图 3-22　s_sex 字段的查阅列表

图 3-23　"显示表"对话框

（4）在"查询生成器"窗口中，双击 student 表中 s_id 字段，将其添加到下方的网格中，如图 3-24 所示。

（5）关闭"查询生成器"窗口，返回表的设计视图。此时，"行来源"列表框中显示一条查询语句，如图 3-25 所示，保存表。

此时使用"数据表视图"打开 score 表，单击 s_id 字段会出现一个组合框，其中显示 student 表中 s_id 字段的值，可以直接输入或从组合框中选择字段的值，如图 3-26 所示。

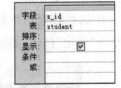

图 3-24　选择 s_id 字段

字段名称	数据类型	
s_id	文本	学号，字段大小：10，不允许为空
c_id	文本	课程编号，字段大小：5，不允许为空
score	数字	考试成绩，字段大小：长整型

字段属性

常规　查阅

显示控件	组合框
行来源类型	表/查询
行来源	SELECT student.s_id FROM student;

图 3-25　"行来源"中的查询语句

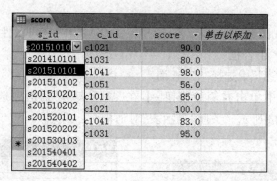

图 3-26　s_id 字段的查阅列表

3.4　表的格式化

3.4.1　调整行高和列宽

【例 3.12】　在数据表视图中调整 student 表的行高和列宽。

操作步骤如下：

（1）使用"数据表视图"打开 student 表。

（2）选择数据行并右击，从快捷菜单中选择"行高"命令，在打开的"行高"对话框中，输入行高值，单击"确定"按钮，如图 3-27 所示。

（3）选择数据列并右击，选择"字段宽度"命令，在打开的"列宽"对话框中，输入列宽值，单击"确定"按钮，如图 3-28 所示，保存表。

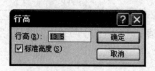

图 3-27　输入行高值

图 3-28　输入列宽值

3.4.2　设置字体、字号和颜色

数据表中文本的字体、字号、字体颜色有默认设置。需要时，可以对数据表中的字体、字号和颜色进行设置。

【例 3.13】　将 student 表的数据设置为楷体、12 号、加粗和蓝色。

操作步骤如下：

（1）使用"数据表视图"打开 student 表。

（2）在"开始"选项卡的"文本格式"组中进行字体、字号和颜色等格式设置，如图 3-29 所示。

图 3-29　设置文本格式

3.4.3　列的冻结和解冻

【例 3.14】　冻结 student 表中的 s_id 列。

操作步骤如下:

(1) 双击打开 student 表。

(2) 选择 s_id 列并右击,选择"冻结字段"命令,即可冻结该列。如果要取消被冻结的列,可右击该列,选择"取消冻结所有字段"命令即可。

3.5　表中记录的编辑

3.5.1　向表中输入数据

【例 3.15】　根据图 3-1 所示,向 student 表中输入数据。

操作步骤如下:

(1) 双击打开 student 表。

(2) 从第 1 个空记录的第 1 个字段开始分别输入 s_id、s_name 等字段的值。

(3) 输入完一条记录后,转至下一条记录,继续输入。

3.5.2　记录排序与筛选

记录排序是指将数据表中的所有记录按某个字段值的大小进行重新排列的过程。记录筛选是将满足条件的记录显示在数据表中,把不满足条件的记录隐藏起来。

【例 3.16】　在 student 表中,先按 s_sex 升序排序,再按 s_birthday 降序排序。

操作步骤如下:

(1) 双击打开 student 表,选择 s_sex 和 s_birthday 两列,选择"开始"选项卡中的"排序和筛选"组,选择"高级"命令下的"高级筛选/排序",如图 3-30 所示。

(2) 打开"筛选"窗口,在下方的设计网格中"字段"行第 1 列选择 s_sex 字段,排序方式选择"升序",第 2 列选择 s_birthday 字段,排序方式选择"降序",如图 3-31 所示。

(3) 选择"开始"选项卡中的"排序和筛选"组,执行"切换筛选"命令,观察排序结果。

【例 3.17】　在 student 表中,筛选出女生的信息。

操作步骤如下:

(1) 使用"数据表视图"打开 student 表,选定 s_sex 列中值为"女"的任一单元格。

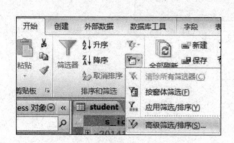

图 3-30　高级筛选/排序命令

图 3-31　筛选窗口

（2）选择"开始"选项卡中的"排序和筛选"组，单击"选择"按钮，从中选择"包含'女'"命令，筛选结果如图 3-32 所示。单击"排序和筛选"组中的"切换筛选"按钮可取消筛选。

	s_id	s_name	s_sex	s_birthda	s_mccp	s_en	s_major	s_nativep	s_subsidy	s_rem
⊞	s201510101	赵舜	女	1997-08-07	☑	516	计算机信息管	北京	¥300.00	
⊞	s201510202	李晶晶	女	1995-12-29	☑	410	计算机信息管	北京	¥300.00	
⊞	s201520202	齐璐璐	女	1996-09-10	☑	500	电子商务	陕西	¥300.00	
⊞	s201540401	冉飞云	女	1995-02-09	☑	482	市场营销	上海	¥300.00	

记录：｜◀ 第1项(共4项) ▶ ▶｜ ▶＊ ▼已筛选 搜索 ◀

图 3-32　筛选出的女生信息

【**例 3.18**】　应用高级筛选，在 student 表中筛选出来自北京的女生信息。

图 3-33　设置筛选条件

操作步骤如下：

（1）使用"数据表视图"打开 student 表。

（2）在"开始"选项卡的"排序和筛选"组中，执行"高级"命令下的"高级筛选/排序"命令。

（3）打开"筛选"窗口，在下方的设计网格中"字段"行的第 1 列选择 s_sex 字段，第 2 列选择 s_nativeplace 字段。

（4）在第 1 列的条件行中输入"女"，在第 2 列的条件行中输入"北京"，如图 3-33 所示。

（5）选择"排序和筛选"组中的"切换筛选"命令，显示筛选的结果，如图 3-34 所示。

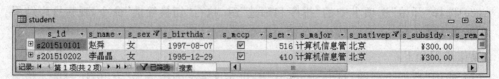

图 3-34　筛选结果

3.5.3 数据导入与导出

【例3.19】 将文本文件 teacher.txt 中的数据导入到 StudentManage 数据库的 teacher 表中,并再将 teacher 表中的数据导出到 Excel 文件 teacher.xlsx 中。

操作步骤如下:

(1) 打开 StudentManage 数据库,选择"外部数据"选项卡中的"导入并链接"组,选择"文本文件"命令,打开"获取外部数据"对话框,单击"浏览"按钮,选择导入数据源文件 teacher.txt,如图 3-35 所示。

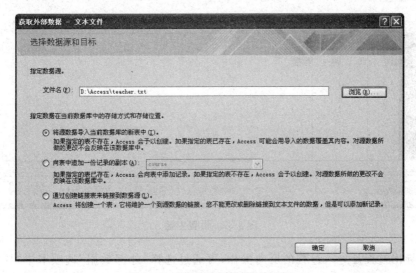

图 3-35 "获取外部数据"对话框

(2) 单击"确定"按钮,打开"导入文本向导"对话框,单击"下一步"按钮。

(3) 选择"第一行包含字段名称"复选框,按"逗号"进行分隔,如图 3-36 所示。单击"下一步"按钮。

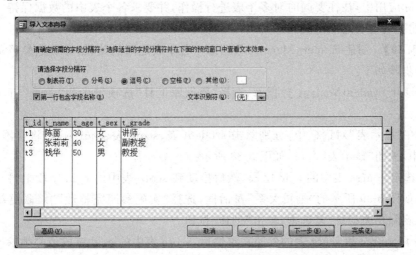

图 3-36 选中"第一行包含字段名称"

（4）分别选择各个字段，进行字段名称、数据类型、索引等的设置，单击"下一步"按钮。

（5）将 t_id 字段设置为主键，如图 3-37 所示，单击"完成"按钮。

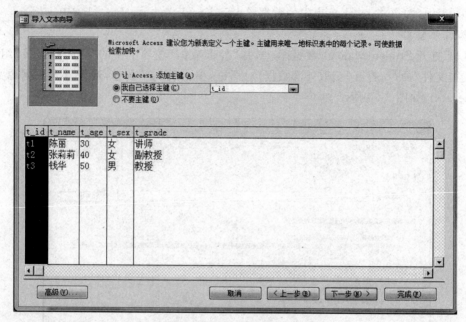

图 3-37 设置主键

（6）导出过程是导入过程的反向操作，可通过选择"外部数据"选项卡中"导出"组中的相关命令，利用导出向导提示来完成。

3.6 建立表间关系

在实际应用中，往往要同时对多个表进行操作，并要求各个表中的数据保持一致。因此，需要建立表与表之间的关系。

【例 3.20】 创建 StudentManage 数据库中各个表之间的关联，并实施参照完整性。

操作步骤如下：

（1）打开 StudentManage 数据库，选择"数据库工具"选项卡中的"关系"组，选择"关系"命令。

（2）在"显示表"对话框中，分别双击 student 表、score 表、course 表，将其添加到"关系"窗口中，关闭"显示表"窗口，如图 3-38 所示。

（3）选定 course 表中的 c_id 字段，然后拖动到 score 表中的 c_id 字段上，松开鼠标。此时显示如图 3-39 所示的"编辑关系"对话框，选择"实施参照完整性""级联更新相关字段""级联删除相关记录"复选框，单击"创建"按钮。

设置了 course 和 score 表的参照完整性后，score 表中的 c_id 字段值必须参照 course 表的 c_id 字段的值，而不能输入 course 表中不存的 c_id 值。设置了"级联更新相关字段"

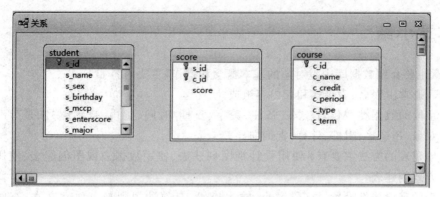

图 3-38 "关系"窗口

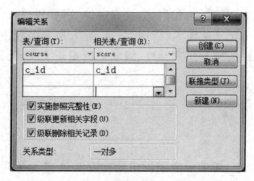

图 3-39 "编辑关系"对话框

"级联删除相关记录"后,更新 course 表中 c_id 字段的值,或删除 course 表中的某一记录后,系统会自动更新或删除 score 表中的相关数据。

(4)用同样的方法,通过 s_id 字段建立 student 表与 score 表之间的关系,此时的"关系"窗口如图 3-40 所示。

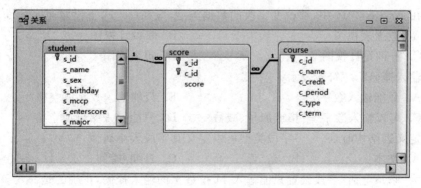

图 3-40 三个表间的关系

双击表之间的连线,可以打开"编辑关系"对话框,对关系进行修改。单击表之间的连接,按 Delete 键可以删除表间的关系。

(5)单击"保存"按钮,保存表之间的关系,关闭"关系"窗口。

本章小结

本章主要介绍数据库中表对象的基本概念和操作，主要内容如下：

- 表通常由表名、表结构和表内容组成。
- 字段的数据类型包含文本、备注、数字、日期/时间、货币、自动编号、是/否、OLE对象、超链接、附件、计算、查询向导。
- 创建表的方法主要有：使用设计视图创建表、使用数据表视图创建表、使用导入方式创建表。
- 表的字段属性设置：字段大小、输入掩码、有效性规则与有效性文本、查阅列表字段。
- 表的格式化设置：调整行高和列宽，设置字体、字号和颜色，列的冻结和解冻。
- 表中记录的编辑：记录的输入、排序、筛选、导入与导出等。
- 表间关系的定义：实施参照完整性、级联更新相关字段、级联删除相关记录。

思考与习题

1. 选择题

（1）在 Access 2010 中，如果一个字段中要保存长度多于 255 个字符的文本和数字的组合数据，应选择（　　）数据类型。

    A. 文本　　　　　　B. 数字　　　　　　C. 备注　　　　　　D. 字符

（2）在 Access 2010 的表设计视图下，不能对（　　）进行修改。

    A. 表格中的字体　　B. 字段的大小　　　C. 主键　　　　　　D. 列标题

（3）Access 2010 自动创建的主键，是（　　）型数据。

    A. 自动编号　　　　B. 文本　　　　　　C. 整型　　　　　　D. 备注

（4）在 Access 2010 中，要改变字段的数据类型，应在（　　）下设置。

    A. 数据表视图　　　　　　　　　　B. 表设计视图
    C. 查询设计视图　　　　　　　　　D. 报表视图

（5）输入掩码"#"符号表示（　　）。

    A. 只能输入数字　　　　　　　　　B. 只能输入数字或空格
    C. 可以输入数字、空格或加号、减号　D. 只能输入字母或空格

（6）定义表结构时，（　　）字段类型可以定义其字段大小属性。

    A. 文本　　　　　　B. 是/否　　　　　C. 日期/时间　　　D. 备注

（7）为"联系电话"字段设置只能输入 11 位数字的输入掩码，正确的是（　　）。

    A. 99999999999　　　　　　　　　B. 00000000000
    C. ###########　　　　　　　　D. AAAAAAAAAAA

2. 填空题

（1）表通常由表名、_____和_____组成。

(2) 创建表的方法主要有________、________和________三种。

(3) "性别"字段除了可以设置为"文本"型外,还可以设置为________数据类型。

(4) 修改表结构只能在________视图中完成。

(5) 在 Access 提供的数据类型中,文本型数据类型可以设置的最大长度是________个字符。

(6) ________用于限制数据的输入格式,保持数据输入格式的一致,屏蔽非法输入。

3. 思考题

(1) 在 Access 2010 中,字段的数据类型有哪些? 其作用是什么?

(2) 如何通过表的设计视图创建表?

(3) 举例说明在 Access 2010 中,可以定义字段的哪些属性。

(4) 如何创建表间关系?

4. 操作题

在 ProductManage 数据库中,完成下列操作。

1) 创建和修改表结构

(1) 使用设计视图创建 product 表和 supplier 表,表结构如图 3-41 和图 3-42 所示。

product

字段名称	数据类型	说明
p_id	文本	商品编号;字段大小:10
p_name	文本	商品名称;字段大小:20
p_price	货币	商品单价;格式:货币;小数位数:1
p_weight	数字	商品重量;字段大小:单精度型;小数位数:1

图 3-41 product 表结构

supplier

字段名称	数据类型	说明
s_id	文本	供应商编号;字段大小:10
s_name	文本	供应商名称;字段大小:20
s_phone	文本	供应商联系方式;字段大小:255
s_city	文本	供应商城市;字段大小:10
s_address	文本	供应商地址;字段大小:30
s_email	文本	供应商电子邮箱;字段大小:255

图 3-42 supplier 表结构

(2) 按照图 3-43 所示,使用数据表视图创建 supermarket 表,并按照图 3-44 所示对表结构进行修改。

supermarket

sm_id	sm_name	sm_scale	sm_city
sm1	华联	大	北京
sm2	物美	中	太原
sm3	美廉美	小	天津
sm4	华联	小	石家庄
sm5	7-11	中	西安
sm6	华联	大	上海
sm7	沃尔玛	中	重庆

图 3-43 supermarket 表内容

supermarket

字段名称	数据类型	说明
sm_id	文本	超市编号；字段大小：10
sm_name	文本	超市名称；字段大小：20
sm_scale	文本	超市规模；字段大小：2
sm_city	文本	所在城市；字段大小：20

图 3-44 supermarket 表结构

(3) 使用导入的方式，将 Excel 文件 detail.xlsx 表中的数据导入到数据库中，保存为 detail 表，如图 3-45 所示，并按照图 3-46 所示对表结构进行修改。

detail

p_id	s_id	sm_id	quantity	p_time	s_time	sm_time
p1	s1	sm1	200	2015/9/1	2015/9/6	2015/9/7
p1	s1	sm3	100	2015/1/2	2015/2/8	2015/2/15
p1	s1	sm4	700	2014/9/3	2015/1/1	2015/1/3
p1	s3	sm1	200	2015/9/9	2015/9/11	2015/9/12
p2	s1	sm2	100	2015/7/3	2015/8/5	2015/8/8
p2	s5	sm4	100	2015/6/2	2015/6/5	2015/6/8
p3	s2	sm1	400	2014/8/21	2014/9/11	2014/9/14
p3	s2	sm2	200	2014/6/24	2014/7/10	2014/8/3
p3	s2	sm4	500	2014/9/16	2014/10/28	2014/10/30
p3	s2	sm5	400	2014/11/11	2014/12/14	2014/12/17
p3	s3	sm1	200	2014/9/18	2014/9/21	2014/9/24
p3	s5	sm1	200	2014/5/2	2014/5/7	2014/5/10
p5	s2	sm1	400	2015/9/5	2015/9/7	2015/9/10
p5	s2	sm2	100	2015/9/9	2015/9/12	2015/9/14
p5	s4	sm1	100	2013/9/2	2013/9/4	2013/9/5
p6	s4	sm3	300	2014/6/20	2014/7/5	2014/7/8
p6	s4	sm4	200	2014/2/18	2014/4/4	2014/4/5
p6	s5	sm4	500	2015/9/6	2015/9/10	2015/9/11

图 3-45 detail 表内容

detail

字段名称	数据类型	说明
p_id	文本	商品编号；字段大小：10
s_id	文本	供应商编号；字段大小：10
sm_id	文本	超市编号；字段大小：255
quantity	数字	商品数量；字段大小：长整型
p_time	日期/时间	生产时间
s_time	日期/时间	供应时间
sm_time	日期/时间	进入超市时间

图 3-46 detail 表结构

(4) 定义 supplier 表中 s_phone 字段的输入掩码属性，要求只能输入 11 位数字。

(5) 设置 detail 表中 quantity 字段的输入值为 0～10000，当不符合要求时，给出输入错误提示信息。

(6) 使用向导为 supermarket 表的 sm_scale 字段创建查阅列表字段，列表值为“大”“中”“小”。

2) 表中记录的编辑

(1) 根据图 3-47 和图 3-48 所示，为 product 表和 supplier 表添加记录。

(2) 在 product 表中，按 p_price 升序排序。

(3) 在 supplier 表中，筛选供应商名为“奋斗”的供应商信息。

product			
p_id	p_name	p_price	p_weight
p1	小熊饼干	¥5.0	300
p2	小米	¥8.0	450
p3	柠檬	¥6.0	100
p4	苹果	¥4.0	500
p5	食用油	¥50.0	500
p6	面包	¥3.0	350

图 3-47 product 表内容

supplier					
s_id	s_name	s_phone	s_city	s_address	s_email
s1	奋斗	13112345678	北京	北京昌平	fd@163.com
s2	艾菲	13212345678	上海	上海徐家汇	aif@163.com
s3	胜利	13312345678	天津	天津火车站	sl@163.com
s4	香意	13412345678	南京	南京江宁区	xy@126.com
s5	美华	13512345678	长春	长春南关区	mh@126.com

图 3-48 supplier 表内容

（4）将 detail 表的数据内容导出为 Excel 文件。

3）表的格式化

（1）设置 supermarket 表数据的字体、字号和颜色。

（2）将 supplier 表中的行高和字段宽度调整为 15。

（3）冻结 detail 表中的 s_id 列。

4）创建表间关系

创建 ProductManage 数据库中四个表间的关系，实施参照完整性，如图 3-49 所示。

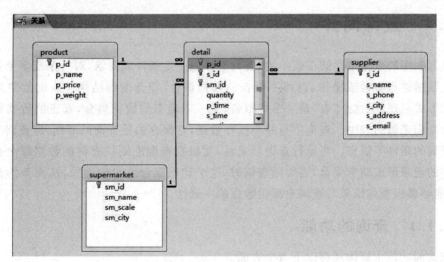

图 3-49 ProductManage 数据库中的表间关系

第 4 章

查　询

情景导入

　　要从数据库所存储的海量数据中快速检索到所需要的数据,筛选的功能是十分有限的,这时就要用到查询。查询是 Access 数据库的对象之一,是 Access 的重要功能。查询可以从一个或多个表中查找数据,还可以进行数据的统计与分析,查询的结果也可以作为其他数据库对象(如窗体、报表)的数据来源。

　　本章主要介绍选择查询、参数查询、交叉表查询、操作查询的创建与使用方法。

4.1　查询简介

　　数据库中的数据是存储在表中的,查询是按照一定条件或要求,对一个或多个表或查询中的数据进行检索或操作,返回一个新的数据集合,即查询的结果。查询的结果是以"表"的形式呈现,但这个"表"是一个虚拟表,是一个动态的数据集合,真正的数据是存储在作为查询来源的表中。查询本身并不保存数据,它保存的是查询的准则,即查询的数据源与查询的条件等信息。当运行查询对象时,就根据查询准则从查询的数据源中查找满足条件的记录形成动态集合,当关闭查询时,这个动态集合就自动消失,从而节约存储空间,并能够确保查询结果与查询来源中数据的一致性。

4.1.1　查询的功能

　　查询的功能主要体现在以下 4 个方面。

　　1) 选择记录和字段

　　这是查询最基本的功能,从作为查询数据源的表或查询中查找满足条件的记录,并显示该记录的全部或部分字段信息。

　　2) 统计和计算

　　查询不仅可以查找到满足条件的记录,还可以对记录进行各种统计和计算,例如,查询各专业的学生人数,查询每名学生选修课程的门数、总分与平均分等。

3）表中记录的操作

利用查询还可以实现对表中记录的操作,包括添加记录、修改记录、删除记录,还可将满足条件的记录保存到一个新表中。

4）作为其他数据库对象的数据源

查询的结果也是记录的集合,可以作为其他查询、窗体、报表的数据源。例如,要从多个表中查找满足条件的记录显示在窗体或报表中,可以先创建查询,再以该查询作为数据源创建窗体或报表。

4.1.2 查询的类型

根据对数据源中数据的操作方式与查询方式的不同,Access 中的查询可以分为以下四种类型。

1）选择查询

选择查询是最常用的查询类型,可以根据查询条件从一个或多个表中检索数据,还可以在查询中对记录进行分组统计或计算。

2）参数查询

参数查询是一种交互式的查询,提供了更为灵活的查询方式。在查询中设置查询参数,当运行查询对象时会出现对话框,提示用户输入参数值,系统将用户所输入的参数值作为条件检索数据,并返回查询结果。

3）交叉表查询

交叉表查询可以计算并重新组织数据的结构,便于进行数据分析。交叉表查询的结果对数据进行分组统计,一组显示在数据表的左侧,一组显示在数据表的顶端,行与列的交叉处显示数据的某种统计值。

4）操作查询

以上三种查询并不改变作为查询数据源的表中的数据,而操作查询是对表中的数据进行操作,操作方式可以是对表中数据进行添加、修改、删除,或是将数据保存到一个新表中。根据操作方式的不同,操作查询可以分为追加查询、更新查询、删除查询、生成表查询。

4.1.3 查询的创建方法

在 Access 2010 中,创建查询的方法主要有三种:使用查询向导、使用查询设计视图、使用 SQL 语言创建查询。SQL 语言的内容详见第 5 章,本章主要介绍使用查询向导、查询设计视图创建查询的方法。

1. 使用查询向导创建查询

使用查询向导,可以按照系统的引导,快速完成查询的创建,操作过程简单方便。Access 中提供了四种类型的查询向导,分别是简单查询向导、交叉表查询向导、查找重复项查询向导、查找不匹配项查询向导。

使用查询向导创建查询的一般过程如下所述。

（1）打开数据库。

（2）选择"创建"选项卡中的"查询"组，单击"查询向导"按钮，打开"新建查询"对话框，如图4-1所示。

图4-1　"新建查询"对话框

（3）在"新建查询"对话框中，根据需要选择一种查询向导，按照系统引导完成相应的操作。

（4）保存查询。

使用查询向导创建的查询具有一定的局限性，如不能指定查询的条件与查询结果的排序方式等。

2. 使用查询设计视图创建查询

与查询向导相比，查询设计视图的功能更强大，使用更灵活，在查询设计视图中还可以对已有的查询进行编辑与修改。

使用查询设计视图创建查询的一般过程如下所述。

（1）打开数据库。

（2）选择"创建"选项卡中的"查询"组，单击"查询设计"按钮，打开查询设计视图，同时打开"显示表"对话框，如图4-2所示。

图4-2　查询设计视图

（3）在"显示表"对话框中选择作为数据源的一个或多个表或查询，单击"添加"按钮，将其添加到查询设计视图上部的数据源窗口中。

（4）选择"查询工具/设计"选项卡中的"查询类型"组，选择一种查询类型。

（5）在查询设计视图下方的查询设计网格中，对显示的字段、排序的方式、查询的条件、汇总的方式等进行设置。

（6）选择"查询工具/设计"选项卡中的"结果"组，单击"视图"按钮，查看查询的结果或是单击"运行"按钮运行查询。

（7）保存查询。

4.2 选择查询

选择查询是最常用的查询类型，可对表中的数据进行检索、统计、计算、排序等操作，而不会更改表中数据。可以使用查询向导与查询设计视图创建选择查询。

4.2.1 使用查询向导创建选择查询

1. 简单查询向导

简单查询向导用于创建简单的选择查询，从一个或多个表或查询中选择需要显示的字段，但不能指定查询条件与查询结果的排序方式。使用简单查询向导时，先要确定数据源，即查询结果中的字段由哪些表或查询提供，然后确定要显示的字段。

【例4.1】 使用简单查询向导，在 StudentManage 数据库中创建"学生简单信息查询"，显示学生的学号、姓名、性别、出生日期。

操作步骤如下：

（1）打开 StudentManage 数据库，选择"创建"选项卡中的"查询"组，单击"查询向导"按钮，打开"新建查询"对话框。在"新建查询"对话框中，选择"简单查询向导"选项，单击"确定"按钮。

（2）在打开的"简单查询向导"对话框的"表/查询"下拉列表中选择 student 表，此时，"可用字段"列表框中显示 student 表中的所有字段。双击 s_id 字段，或单击 s_id 字段后，再单击 ＞ 按钮，将该字段添加到"选定字段"列表框中。使用同样方法，将 s_name、s_sex、s_birthday 字段添加到"选定字段"列表框中，如图 4-3 所示。 ＞＞ 按钮可以一次选择所有字段，若要取消选定的一个或所有字段，可以使用 ＜ 或 ＜＜ 按钮。

（3）单击"下一步"按钮，在"请为查询指定标题"文本框中输入查询的名称"学生简单信息查询"，选择"打开查询查看信息"选项，如图 4-4 所示。若选择"修改查询设计"选项，则会打开查询的设计视图，可对查询进行修改。

（4）单击"完成"按钮，完成查询的创建，并同时显示查询的结果，如图 4-5 所示。

查询创建完成后，在窗口左侧的导航窗格中选择"查询"对象，即可查看到已经创建的查询。"学生简单信息查询"作为查询对象，本身并不包含数据，数据存放在查询的数据源 student 表中。当运行查询对象时，如果对数据进行更改，则数据的更改实际上是发生在

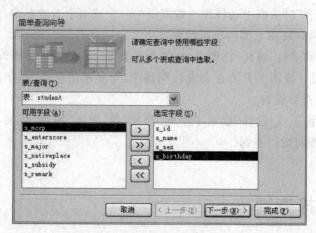

图 4-3　选定字段

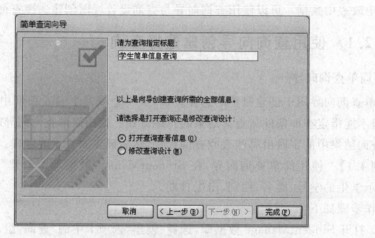

图 4-4　为查询指定标题

s_id	s_name	s_sex	s_birthda
s201410101	孙京	男	1996-07-07
s201510101	赵舜	女	1997-08-07
s201510102	钱伟	男	1996-11-06
s201510201	肖非	男	1995-01-02
s201510202	李晶晶	女	1995-12-29
s201520101	王威	男	1996-05-05
s201520202	齐璐璐	女	1996-09-10
s201530103	张东	男	1996-10-02
s201540401	冉飞云	女	1995-02-09
s201540402	赵舜	男	1997-07-08

图 4-5　"学生简单信息查询"的结果

student 表中。如果数据源,如 student 表被删除,则查询无法打开,并会显示出错信息。

　　【例 4.2】　使用简单查询向导,创建"学生成绩查询",显示学生的学号、姓名、课程编号、课程名称、成绩。

此查询结果的字段来自 3 个表：student 表、course 表、score 表，要求在创建查询前必须建立 3 个表间的关系。

操作步骤如下：

（1）打开 StudentManage 数据库，选择"创建"选项卡中的"查询"组，单击"查询向导"按钮，打开"新建查询"对话框。在"新建查询"对话框中，选择"简单查询向导"选项，单击"确定"按钮。

（2）在打开的"简单查询向导"对话框的"表/查询"下拉列表中选择 student 表，将 s_id、s_name 字段添加到"选定字段"列表框中。使用同样方法，将 course 表中的 c_id、c_name字段及 score 表中的 score 字段添加到"选定字段"列表框中，如图 4-6 所示。

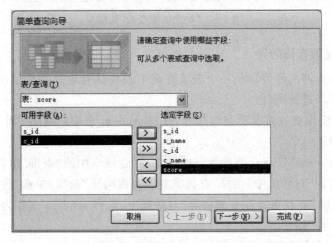

图 4-6　从多个表中选定字段

（3）单击"下一步"按钮，在对话框中选择"明细"选项，如图 4-7 所示。只有在"选定字段"中包含数字型数据时才会出现此对话框。如果要对数据进行统计，可选择"汇总"选项。

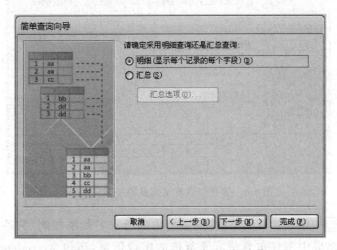

图 4-7　选择"明细"查询或"汇总"查询

（4）单击"下一步"按钮，在"请为查询指定标题"文本框中输入查询的名称"学生成绩查询"，选择"打开查询查看信息"选项，单击"完成"按钮，如图4-8所示。

s_id	s_name	c_id	c_name	score
s201510101	赵舜	c1021	大学英语	90.0
s201510101	赵舜	c1031	马克思理论	80.0
s201510102	钱伟	c1041	计算机应用基础	98.0
s201510102	钱伟	c1051	计算机网络	56.0
s201510201	肖非	c1011	高等数学	85.0
s201510201	肖非	c1021	大学英语	100.0
s201510201	肖非	c1041	计算机应用基础	83.0
s201520202	齐璐璐	c1031	马克思理论	95.0

记录: ◄ ◄ 第1项(共9项) ► ►► ►* 无筛选器 搜索

图4-8 "学生成绩查询"的结果

2. 查找重复项查询向导

查找重复项查询向导可以从一个表或查询中查找具有重复字段值的记录，或对具有重复字段值的记录进行统计。

【例4.3】 使用查找重复项查询向导，查找 student 表中的同名学生记录。

操作步骤如下：

（1）打开 StudentManage 数据库，选择"创建"选项卡中的"查询"组，单击"查询向导"按钮，在"新建查询"对话框中，选择"查找重复项查询向导"选项，单击"确定"按钮。

（2）在打开的"查找重复项查询向导"对话框中，选择 student 表作为搜寻重复字段值的表，单击"下一步"按钮。

（3）在"可用字段"列表框中，选择包含重复信息的字段 s_name，将其添加到"重复值字段"列表框中，如图4-9所示，单击"下一步"按钮。

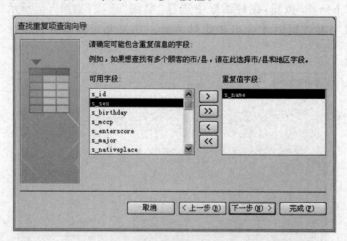

图4-9 选择包含重复信息的字段 s_name

（4）单击 >> 按钮，将"可用字段"列表框中的所有字段添加到"另外的查询字段"列表框中，使查询结果中不仅包含带有重复值的字段信息，还包含 student 表中的其他字段，如图4-10所示，单击"下一步"按钮。

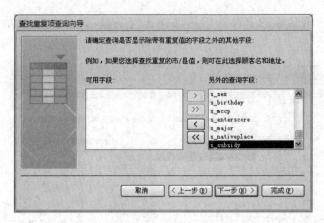

图 4-10 选择重复值字段之外的其他字段

（5）在"请指定查询的名称"文本框中输入查询的名称"同名学生信息查询"，单击"完成"按钮，查看查询结果，如图 4-11 所示。

s_name	s_id	s_sex	s_birthda	s_mccp	s_entersc	s_major	s_nativep	s_subsidy
赵舜	s201540402	男	1997-07-08	☐	511	市场营销	山西	¥300.00
赵舜	s201510101	女	1997-08-07	☑	516	计算机信息管	北京	¥300.00

记录: ◄ ◄ 第1项(共2项) ► ►► ►► 无筛选器 搜索

图 4-11 同名学生信息

【例 4.4】 使用查找重复项查询向导，对 student 表中的男女生人数进行统计。

操作步骤如下：

（1）打开 StudentManage 数据库，选择"创建"选项卡中的"查询"组，单击"查询向导"按钮，在"新建查询"对话框中，选择"查找重复项查询向导"选项，单击"确定"按钮。

（2）在弹出的"查找重复项查询向导"对话框中，选择 student 表作为搜寻重复字段值的表，单击"下一步"按钮。

（3）在"可用字段"列表框中，选择包含重复信息的字段 s_sex，将其添加到"重复值字段"列表框中，如图 4-12 所示，单击"下一步"按钮。

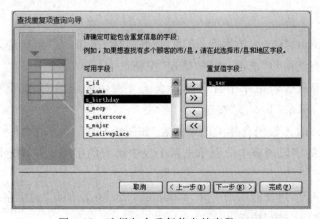

图 4-12 选择包含重复信息的字段 s_sex

（4）除了带有重复值的字段外不再选择任何字段，如图 4-13 所示，单击"下一步"按钮。

图 4-13　不选择其他字段

（5）输入查询的名称"男女生的人数"，单击"完成"按钮，查看查询结果，如图 4-14 所示。

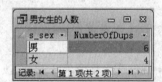

图 4-14　男女生的人数统计

3. 查找不匹配项查询向导

查找不匹配项查询向导可以在一个表中查找在另一个表中没有相关记录的记录。例如，查找没有订单的顾客信息、查找没有授课任务的教师信息、查找没有学生选修的课程信息等。

【例 4.5】 使用查找不匹配项查询向导，查找没有选课的学生记录，显示学号、姓名和专业。

查找没有选课的学生记录，也就是在 student 表中查找那些在 score 表中没有出现的学生记录。

操作步骤如下：

（1）打开 StudentManage 数据库，单击"查询向导"按钮，在"新建查询"对话框中，选择"查找不匹配项查询向导"选项，单击"确定"按钮。

（2）在"请确定在查询结果中含有哪张表或查询中的记录"列表框中，选择 student 表，如图 4-15 所示，单击"下一步"按钮。

（3）选择 score 表作为包含相关记录的表，如图 4-16 所示，单击"下一步"按钮。

（4）在两个表的字段列表中分别单击两个表中都有的字段 s_id，如图 4-17 所示，单击"下一步"按钮。

（5）将"可用字段"列表框中的 s_id、s_name、s_major 添加到"选定字段"列表框中，如图 4-18 所示，单击"下一步"按钮。

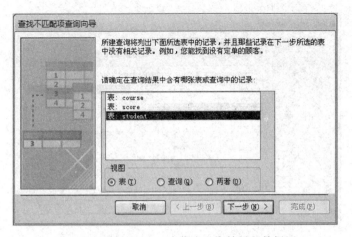

图 4-15 选择 student 表作为查询结果的数据源

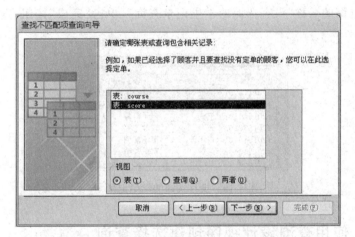

图 4-16 选择 score 表作为包含相关记录的表

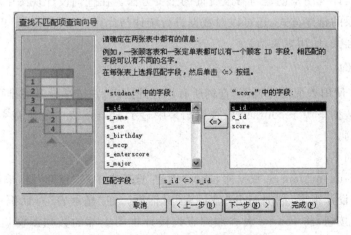

图 4-17 选择两个表中都有的字段

图 4-18　选择查询结果中所需的字段

（6）输入查询的名称"没有选课的学生记录查询"，单击"完成"按钮，查看查询结果，如图 4-19 所示。

图 4-19　没有选课的学生记录

4.2.2　使用查询设计视图创建选择查询

使用查询设计视图是创建与修改查询的主要方法。在查询设计视图中可以指定查询条件与查询结果的排序方式，还可以对数据进行统计与计算。与查询向导相比，查询设计视图的功能更强大，使用更灵活。

1. 简单查询

【例 4.6】　使用查询设计视图，查询所有课程的信息，并按学分升序排列。

此查询的数据来源于 course 表，查询结果中显示 course 表中的所有字段，查询结果按学分升序排列。

操作步骤如下：

（1）打开 StudentManage 数据库，选择"创建"选项卡中的"查询"组，单击"查询设计"按钮，打开查询设计视图，同时打开"显示表"对话框。在"显示表"对话框中选择 course 表，单击"添加"按钮，将 course 表添加到查询设计视图上部的数据源窗口中。单击"关闭"按钮，关闭"显示表"对话框，结果如图 4-20 所示。

（2）双击数据源窗口中 course 表中的"＊"标记，这里的"＊"代表表中的所有字段。

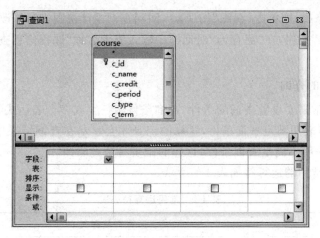

图 4-20　添加数据源

　　(3) 双击数据源窗口中 course 表中的 c_credit 字段,将其添加到查询设计网格的"字段"行上。将 c_credit 列的排序方式设置为"升序",并取消 c_credit 列"显示"行上的复选框,如图 4-21 所示。

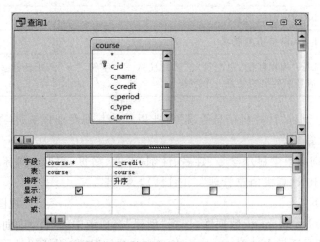

图 4-21　设置查询结果中显示的字段与排序方式

　　(4) 选择"查询工具/设计"选项卡中的"结果"组,单击"运行"按钮,或单击"视图"按钮,查看查询的结果,如图 4-22 所示。

c_id	c_name	c_credit	c_period	c_type	c_term
c1071	多媒体技术	2	32	专业选修	4
c1031	马克思理论	2	32	通识教育	1\2
c1041	计算机应用基础	3	48	基础素质	1
c1051	计算机网络	4	64	专业核心	2
c1021	大学英语	4	64	通识教育	1\2\3\4
c1011	高等数学	4	64	通识教育	1\2
c1061	数据库基础	5	80	专业核心	3

记录 | ◀ 第1项(共7项) ▶ ▶* 无筛选器 搜索

图 4-22　查询的结果

（5）若需要修改，则单击"视图"按钮 ✎，回到查询设计视图进行修改。单击快速访问工具栏中的"保存"按钮，在"另存为"对话框中输入查询名称"课程信息查询"，单击"确定"按钮。

2. 带有条件的查询

在查询中经常需要设置查询的条件，查询条件由一个或多个表达式组成，当表达式的返回值为 True 时表明满足查询条件，这样的记录才会显示在查询结果中；当表达式的返回值为 False 时表明不满足查询条件，这样的记录将被过滤掉。

查询条件中常用的运算符如表 4-1 所示。

表 4-1　常用运算符列表

运算符的类型	运算符及含义
比较运算符	＝（等于）、＜＞（不等于）、＞（大于）、＞＝（大于等于）、＜（小于）、＜＝（小于等于）
逻辑运算符	And（与）、Or（或）、Not（非）
连接运算符	&（将两个字符串连接为一个字符串）
其他运算符	Between…And…（指定值的范围）
	In（指定值的列表）
	Is Null（空值判断）
	Like（模糊匹配，通配符"?"匹配任意一个字符，"＊"匹配任意多个字符，"[ ]"匹配括号中列出的任意一个字符）

【**例 4.7**】　查询除"计算机信息管理"专业以外的其他专业的男同学信息，显示学号、姓名、性别、专业、籍贯。

此查询的查询结果中显示学号、姓名、性别、专业、籍贯，数据来源于 student 表，查询条件是专业不等于"计算机信息管理"，并且性别为"男"。

操作步骤如下：

（1）打开 StudentManage 数据库，选择"创建"选项卡中的"查询"组，单击"查询设计"按钮，在"显示表"对话框中选择 student 表，单击"添加"按钮，关闭"显示表"对话框。

（2）分别双击 student 表中的 s_id、s_name、s_sex、s_major、s_nativeplace 字段，将其添加到查询设计网格的"字段"行上。在 s_major 列的"条件"行中输入条件：＜＞"计算机信息管理"，在 s_sex 列的"条件"行中输入条件："男"，如图 4-23 所示。

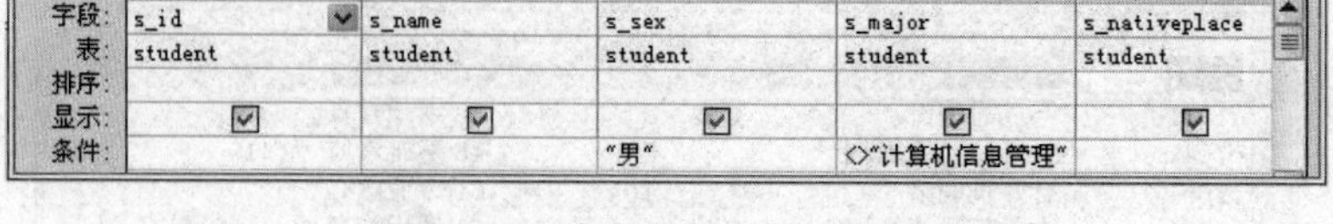

字段	s_id	s_name	s_sex	s_major	s_nativeplace
表	student	student	student	student	student
排序					
显示	☑	☑	☑	☑	☑
条件			"男"	◇"计算机信息管理"	

图 4-23　多条件的相"与"关系

当查询涉及多个条件时，在查询设计视图中，写在"条件"栏同行的条件之间是"与"的关系，写在不同行的条件之间是"或"的关系。

（3）查看查询的结果，并保存查询，查询名称为"除计算机信息管理专业以外的男同学信息"。

【例4.8】　查询课程名称中包含"计算机"或课程类型为"专业核心"的所有课程信息。

此查询的数据来源于course表，查询结果中显示course表中的所有字段，查询条件是课程名称中包含"计算机"或课程类型为"专业核心"。

操作步骤如下：

（1）打开StudentManage数据库，选择"创建"选项卡中的"查询"组，单击"查询设计"按钮，在"显示表"对话框中选择course表，单击"添加"按钮，关闭"显示表"对话框。

（2）双击course表中的"＊"标记，再分别双击c_name、c_type字段。在c_name列的"条件"行中输入条件：Like "＊计算机＊"，在c_type列的"条件"行中输入条件："专业核心"，两个条件分别写在不同的"条件"行中。分别单击c_name、c_type列"显示"行上的复选框，取消显示，如图4-24所示。

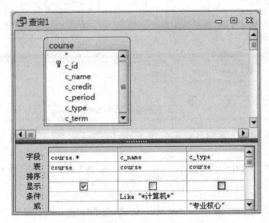

图4-24　多条件的相"或"关系

（3）查看查询的结果，如图4-25所示。保存查询，查询名称为"计算机类课程与专业核心课程"。

c_id	c_name	c_credit	c_period	c_type	c_term
c1041	计算机应用基础	3	48	基础素质	1
c1051	计算机网络	4	64	专业核心	2
c1061	数据库基础	5	80	专业核心	3

记录：Ⅰ◀　第1项(共3项)　▶▶Ⅰ▶*　无筛选器　搜索

图4-25　课程名称中含有"计算机"或"专业核心"类课程的信息

【例4.9】　查询"大学英语"和"高等数学"的成绩为85～100分的记录，显示学号、姓名、课程编号、课程名称、成绩。

此查询的查询结果中显示学号、姓名、课程编号、课程名称、成绩，数据来源于student表、course表、score表，查询条件是课程名称等于"大学英语"或"高等数学"，并且成绩为

85～100 分。

操作步骤如下：

（1）打开 StudentManage 数据库，选择"创建"选项卡中的"查询"组，单击"查询设计"按钮，在"显示表"对话框中将 student 表、score 表、course 表添加到数据源窗口中，关闭"显示表"对话框。

（2）将 student 表中的 s_id、s_name，course 表中的 c_id、c_name，score 表中的 score 字段添加到查询设计网格的"字段"行上。在 c_name 列的"条件"行中输入条件：In("大学英语","高等数学")，在 score 列的"条件"行中输入条件：Between 85 And 100，如图 4-26 所示。

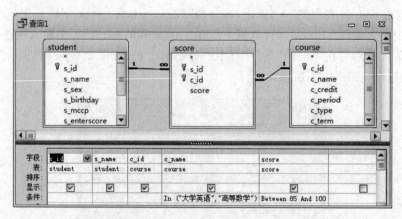

图 4-26   查询条件中使用 In 和 Between…And…运算符

c_name 列的"条件"行也可以设置为："大学英语" Or "高等数学"，score 列的"条件"行也可以设置为：＞＝85 And ＜＝100。

（3）查看查询的结果，如图 4-27 所示。保存查询，查询名称为"大学英语和高等数学成绩 85～100 分"。

s_id	s_name	c_id	c_name	score
s201510201	肖非	c1011	高等数学	85.0
s201510101	赵舜	c1021	大学英语	90.0
s201510201	肖非	c1021	大学英语	100.0

图 4-27   大学英语和高等数学成绩为 85～100 分的记录

3. 在查询中进行计算和汇总

选择查询中，除了可以设置查询条件、对查询结果进行排序外，还可以对数据进行计算与汇总，如计算学生的年龄、统计男女生的人数、各专业学生的入学成绩平均分、每门课程的选修人数等，可以在查询设计视图中使用表达式或汇总功能实现。

在查询设计视图中，选择"查询工具/设计"选项卡中的"显示/隐藏"组，单击"汇总"按钮，将会在查询设计网格中显示出"总计"行，在"总计"行的下拉列表框中有多个选项，如图 4-28 所示。

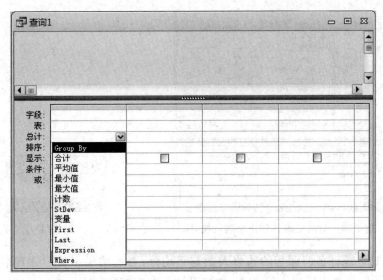

图 4-28　查询设计网格中显示"总计"行

"总计"行中各选项的名称与作用如表 4-2 所示。

表 4-2　"总计"行中各选项的名称与作用

名　称	作　用	名　称	作　用
Group by	设置分组字段	StDev	计算指定字段值的标准差
合计	计算指定字段值的总和	变量	计算指定字段值的方差
平均值	计算指定字段值的平均值	First	返回指定字段的第一个值
最大值	计算指定字段值的最大值	Last	返回指定字段的最后一个值
最小值	计算指定字段值的最小值	Expression	创建一个用表达式产生的计算字段
计数	计算指定字段中非空值的个数	Where	设置汇总的条件

【例 4.10】　统计"北京"籍学生的人数。

此查询的数据来源于 student 表,查询结果中显示"北京"籍学生的人数,学生人数是一个计算字段,是对满足籍贯值为"北京"的记录进行计数而得到。

操作步骤如下:

(1) 打开 StudentManage 数据库,选择"创建"选项卡中的"查询"组,单击"查询设计"按钮,在"显示表"对话框中选择 student 表,单击"添加"按钮,关闭"显示表"对话框。

(2) 将 student 表中的 s_id、s_nativeplace 字段添加到查询设计网格的"字段"行上。选择"查询工具/设计"选项卡中的"显示/隐藏"组,单击"汇总"按钮,在 s_id 列的"总计"行下拉列表框中选择"计数",在 s_id 列的"字段"行输入"北京籍学生人数:s_id",即为该计算字段设置字段标题为"北京籍学生人数",在 s_nativeplace 列的"总计"行下拉列表框中选择 Where,在条件行中输入:"北京",如图 4-29 所示。

(3) 查看查询的结果,如图 4-30 所示。保存查询,查询名称为"北京籍学生人数"。

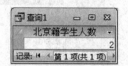

图 4-29　对满足条件的记录进行统计　　　　图 4-30　北京籍学生人数

【例 4.11】 统计各门课程的选修人数与平均分,查询结果中显示课程名称、选修人数、平均分,平均分要求保留 1 位小数,并按平均分降序排列。

此查询的查询结果中显示课程名称、选修人数、平均分,数据来源于 course 表、score表,选修人数和平均分是计算字段,是对学号、成绩按课程名称分组统计而得到,查询结果按平均分降序排列。

操作步骤如下:

(1) 打开 StudentManage 数据库,选择"创建"选项卡中的"查询"组,单击"查询设计"按钮,在"显示表"对话框中将 course 表、score 表添加到数据源窗口中,关闭"显示表"对话框。

(2) 将 course 表中的 c_name 字段,score 表的 s_id、score 字段添加到查询设计网格的"字段"行上。选择"查询工具/设计"选项卡中的"显示/隐藏"组,单击"汇总"按钮,在c_name 列的"总计"行下拉列表框中选择 Group By,在 s_id 列的"总计"行下拉列表框中选择"计数","字段"行输入"选修人数:s_id",在 score 列的"总计"行下拉列表框中选择"平均值","字段"行输入"平均分:score",排序方式设置为"降序",如图 4-31 所示。

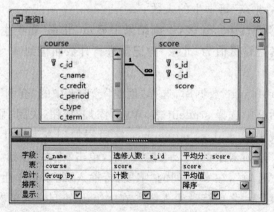

图 4-31　分组统计的设计

（3）在"平均分"字段上右击,从快捷菜单中选择"属性"命令,在打开的"属性表"对话框中,将格式设置为"固定",小数位数设置为"1",如图 4-32 所示。关闭"属性表"对话框。

（4）查看查询的结果,如图 4-33 所示。保存查询,查询名称为"各门课程的选修人数与平均分"。

图 4-32　设置小数位数

图 4-33　各门课程的选修人数与平均分

【例 4.12】　查询所有学生的学号、姓名、出生日期与年龄。

此查询的数据来源于 student 表,查询结果中显示学生的学号、姓名、出生日期与年龄,其中年龄是一个计算字段,可通过表达式 Year(Date())－Year([s_birthday])计算得到,其中 Date()是一个返回系统当前日期的函数,Year()是一个返回日期型数据年份的函数。

操作步骤如下:

（1）打开 StudentManage 数据库,选择"创建"选项卡中的"查询"组,单击"查询设计"按钮,在"显示表"对话框中选择 student 表,单击"添加"按钮,关闭"显示表"对话框。

（2）将 student 表中的 s_id、s_name、s_birthday 字段添加到查询设计网格的"字段"行上,在"字段"行的第 4 列中输入：年龄：Year(Date())－Year([s_birthday]),即通过表达式计算得到"年龄"列的值,如图 4-34 所示。

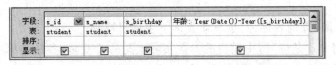

图 4-34　通过表达式计算"年龄"列的值

（3）查看查询的结果,并保存查询,查询名称为"学生的年龄"。

4.3　参数查询

选择查询的查询条件是固定的,而参数查询是在选择查询的基础上增加可变化的条件,即参数。在创建参数查询时,在查询设计视图中的"条件"行中输入以方括号[ ]括起来的参数名称,运行参数查询时会出现一个或多个预定义的参数对话框,提示用户输入参数值,系统将用户所输入的参数值作为查询条件,提高查询的灵活性。

根据参数个数的不同,参数查询可分为单参数查询与多参数查询。

【例 4.13】 创建参数查询,按专业查询学生信息,显示学号、姓名、专业与是否党员。

此查询的数据来源于 student 表,参数查询的字段是"专业",查询结果中显示学号、姓名、专业与是否党员。

操作步骤如下:

(1) 打开 StudentManage 数据库,选择"创建"选项卡中的"查询"组,单击"查询设计"按钮,在"显示表"对话框中选择 student 表,单击"添加"按钮,关闭"显示表"对话框。

(2) 将 student 表中的 s_id、s_name、s_major、s_mccp 字段添加到查询设计网格的"字段"行上,在 s_major 列的"条件"行输入"[请输入学生所在的专业:]",如图 4-35 所示。

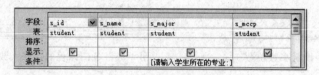

图 4-35   按专业查询的参数设置

(3) 运行查询,将会出现"输入参数值"对话框,在"请输入学生所在的专业:"文本框中输入"计算机信息管理",如图 4-36 所示。单击"确定"按钮,查看查询的结果,如图 4-37 所示。

图 4-36   输入参数值

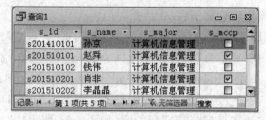

图 4-37   按专业参数查询的结果

(4) 保存查询,查询名称为"按专业查询学生信息"。

在参数查询中,"条件"行中设置的参数实际上是一个变量,参数名称不能与字段名相同。运行查询时所输入的参数值将被存储到该变量中,它与"条件"行中的其他项一起构成特定的查询条件。

【例 4.14】 创建参数查询,按出生日期年份查询学生信息。

此查询的数据来源于 student 表,参数查询的字段是"出生日期",查询结果中显示 student 表中的所有字段。

操作步骤如下:

(1) 打开 StudentManage 数据库,选择"创建"选项卡中的"查询"组,单击"查询设计"按钮,在"显示表"对话框中选择 student 表,单击"添加"按钮,关闭"显示表"对话框。

(2) 双击 student 表中的"*"标记与 s_birthday 字段,在 s_birthday 列的"条件"行中

输入"Like[请输入出生日期的年份:]&'*'",取消该列的显示,如图 4-38 所示。

(3) 运行查询,在文本框中输入查询的年份,如图 4-39 所示。单击"确定"按钮,将查询到该年份出生的学生信息。保存查询为"按出生年份查询学生信息"。

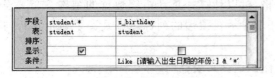

图 4-38　按出生年份查询的参数设置　　　　图 4-39　输入查询的年份

【例 4.15】　创建参数查询,按课程名称和分数段查询成绩信息,显示课程名称、学生姓名、成绩。

此查询的数据来源于 student 表、course 表、score 表,参数查询的字段是"课程名称"与"成绩",查询结果中显示课程名称、姓名、成绩。

操作步骤如下:

(1) 打开 StudentManage 数据库,选择"创建"选项卡中的"查询"组,单击"查询设计"按钮,在"显示表"对话框中将 student 表、score 表、course 表添加到数据源窗口中,关闭"显示表"对话框。

(2) 分别双击 course 表中的 c_name,student 表中的 s_name, score 表中的 score 字段,在 c_name 列的"条件"行中输入:[请输入课程名:],在 score 列的"条件"行中输入:Between[请输入分数段的下限值]And[请输入分数段的上限值:],如图 4-40 所示。

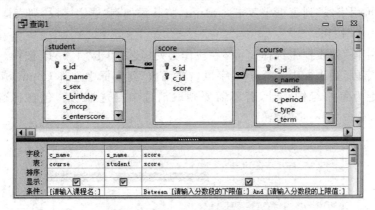

图 4-40　输入多参数查询的条件

(3) 运行查询,将依次弹出三个对话框,分别输入课程名称与分数段信息,如图 4-41所示,将查询到该课程该分数段的信息。保存查询为"按课程名查询分数段成绩"。

图 4-41　输入查询的课程名与分数段上、下限值

4.4 交叉表查询

交叉表查询是一种常用的统计表格,可以计算并重新组织数据的结构。交叉表查询由一个或多个显示在左侧的行标题、一个显示在顶端的列标题以及一个显示在行与列交叉处的总计值组成。

可以使用查询向导与查询设计视图创建交叉表查询。

4.4.1 使用查询向导创建交叉表查询

使用查询向导创建交叉表查询时,只能指定一个表或查询作为数据源,如果查询的数据来自多个表,则需要先创建一个包含多个表字段的查询,再以该查询作为数据源利用向导创建交叉表查询。

【例4.16】 使用交叉表查询向导创建交叉表查询,查询各专业的男女生人数。

此查询的数据来源于 student 表,行标题是"专业"字段的值,列标题是"性别"字段的值,行与列交叉处的总计值是对"学号"进行"计数"运算。

操作步骤如下:

(1) 打开 StudentManage 数据库,选择"创建"选项卡中的"查询"组,单击"查询向导"按钮,在"新建查询"对话框中,选择"交叉表查询向导"选项,单击"确定"按钮。

(2) 选择 student 表作为数据源,单击"下一步"按钮。

(3) 在"可用字段"列表框中双击 s_major,将其添加到"选定字段"列表框中作为行标题,单击"下一步"按钮。

(4) 在"字段"列表框中选择 s_sex 字段作为列标题,单击"下一步"按钮。

(5) 在"字段"列表框中选择 s_id 字段,在"函数"列表框中选择 Count 函数。可根据需要确定是否为每一行作小计,若不需要则取消选中复选框"是,包含各行小计"。如图 4-42 所示,单击"下一步"按钮。

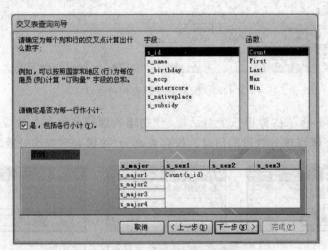

图 4-42 选择交叉表查询的总计方式

(6) 为查询指定名称“各专业的男女生人数”。单击“完成”按钮，显示查询的结果，如图 4-43 所示。

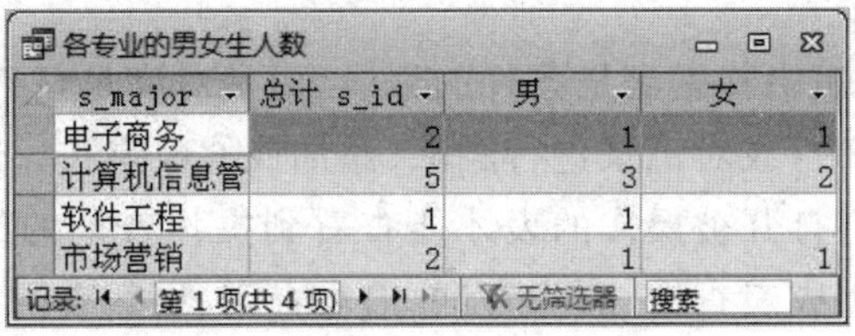

各专业的男女生人数

s_major	总计 s_id	男	女
电子商务	2	1	1
计算机信息管	5	3	2
软件工程	1	1	
市场营销	2	1	1

记录: 第 1 项(共 4 项) 无筛选器 搜索

图 4-43 各专业的男女生人数

4.4.2 使用查询设计视图创建交叉表查询

使用查询设计视图创建交叉表查询时，可以指定多个表或查询作为数据源。

【例 4.17】 使用查询设计视图创建交叉表查询，查询每名同学各门课程的成绩与平均分，查询结果中显示学号、姓名、课程名称与平均分。

此查询的数据来源于 student 表、course 表、score 表，行标题是“学号”“姓名”字段的值与“平均分”的值，列标题是“课程名称”字段的值，行与列交叉处的总计值是对“成绩”进行取值。

操作步骤如下：

(1) 打开 StudentManage 数据库，选择“创建”选项卡中的“查询”组，单击“查询设计”按钮，在“显示表”对话框中将 student 表、score 表、course 表添加到数据源窗口中。

(2) 分别双击 student 表中的 s_id、s_name，course 表中的 c_name 字段，双击两次 score 表中的 score 字段。选择“查询工具/设计”选项卡中的“查询类型”组，单击“交叉表”按钮，在查询设计网格中进行设置，如图 4-44 所示。设置“平均分”列的小数位数为 1。

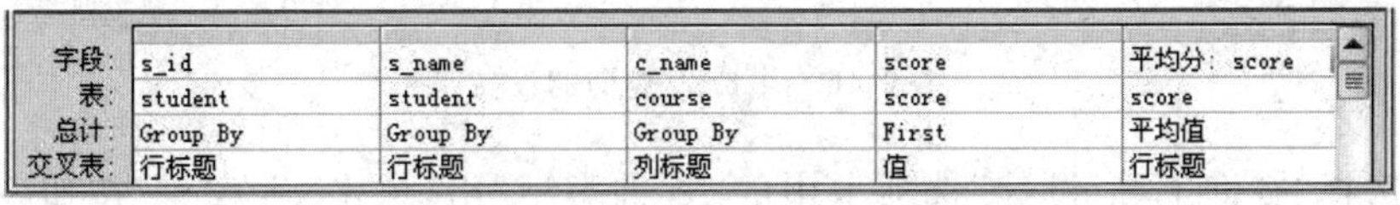

字段:	s_id	s_name	c_name	score	平均分: score
表:	student	student	course	score	score
总计:	Group By	Group By	Group By	First	平均值
交叉表:	行标题	行标题	列标题	值	行标题

图 4-44 交叉表查询的设置

(3) 查看查询的结果，如图 4-45 所示。保存查询，查询名称为“学生各门课程的成绩与平均分”。

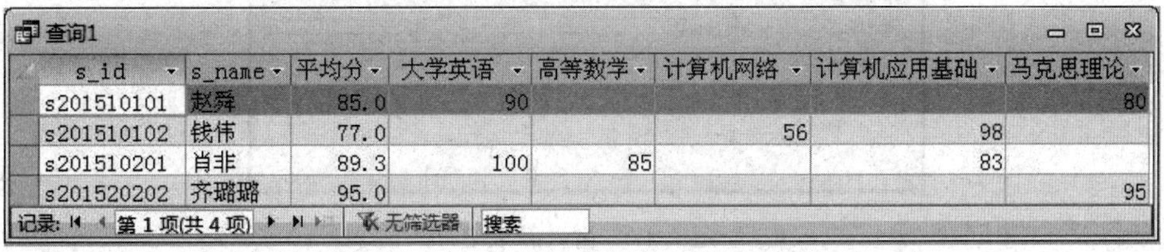

查询1

s_id	s_name	平均分	大学英语	高等数学	计算机网络	计算机应用基础	马克思理论
s201510101	赵舜	85.0	90				80
s201510102	钱伟	77.0			56	98	
s201510201	肖非	89.3	100	85		83	
s201520202	齐璐璐	95.0					95

记录: 第 1 项(共 4 项) 无筛选器 搜索

图 4-45 学生各门课程的成绩与平均分

4.5　操作查询

操作查询并不是从表中检索满足条件的记录,而是对满足条件的记录进行操作,可以将记录保存到一个新表中,或对记录进行删除、添加或修改操作。运行操作查询就相当于执行了相应的操作,只有打开被操作的表才能查看到操作查询的结果。根据操作方式的不同,操作查询可分为生成表查询、删除查询、追加查询、更新查询。

4.5.1　生成表查询

生成表查询是将查询到的满足条件的记录保存到一个新表中,新表会继承源表的字段数据类型,但不会继承源表的字段属性与主键设置。生成表查询方便用户对所需要的数据进行备份。

【例 4.18】　创建生成表查询,将所有学生党员的学号、姓名、性别、专业、补助、说明字段保存到一个新表"学生党员信息表"中。

此查询的数据来源于 student 表,查询的条件是"是否党员"字段值为"真"。

操作步骤如下:

(1) 打开 StudentManage 数据库,选择"创建"选项卡中的"查询"组,单击"查询设计"按钮,在"显示表"对话框中选择 student 表,单击"添加"按钮。

(2) 分别双击 student 表中的 s_id、s_name、s_sex、s_major、s_subsidy、s_remark、s_mccp 字段,在查询设计网格中进行设置, 如图 4-46 所示。

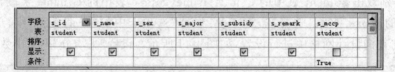

图 4-46　生成表查询的设置

(3) 选择"查询工具/设计"选项卡中的"查询类型"组,单击"生成表"按钮,在打开的"生成表"对话框中选择"当前数据库","表名称"框中输入新表名"学生党员信息表",如图 4-47 所示,单击"确定"按钮。

图 4-47　输入新表名

(4) 选择"查询工具/设计"选项卡中的"结果"组,单击"视图"按钮▦,查看查询的结果,如图 4-48 所示。

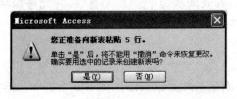

图 4-48 查询到的学生党员信息

（5）单击"运行"按钮，将会运行该生成表查询生成新表，此时会显示一个消息框，询问是否要创建新表，如图 4-49 所示。单击"是"按钮，将会在当前数据库中创建一个名为"学生党员信息表"的新表，如图 4-50 所示，新表内容与图 4-48 中的内容相同。

图 4-49 消息框   图 4-50 生成一个新表

（6）保存查询，查询名称为"学生党员信息生成表查询"。

每次运行生成表查询都会将查询结果保存到指定名称的新表中，若该表已经存在，则系统会先删除该表，再生成一个同名的新表。

4.5.2 删除查询

删除查询可以一次从一个或多个表中删除多条满足条件的记录。由于删除后的记录无法恢复，在运行删除查询时一定要慎重，最好对运行删除查询的表进行备份。

【例 4.19】 创建删除查询，删除"学生党员信息表"中"市场营销"专业的学生党员信息。

此查询的数据来源于"学生党员信息表"表，查询的条件是"专业"等于"市场营销"。

操作步骤如下：

（1）打开 StudentManage 数据库，选择"创建"选项卡中的"查询"组，单击"查询设计"按钮，在"显示表"对话框中选择"学生党员信息表"，单击"添加"按钮。

（2）选择"查询工具/设计"选项卡中的"查询类型"组，单击"删除"按钮。双击"学生党员信息表"表中的 s_major 字段，在查询设计网格中进行设置，如图 4-51 所示。

（3）查看查询的结果。

（4）单击"运行"按钮，运行该删除查询，此时

图 4-51 删除查询的条件设置

会显示一个消息框,询问是否从指定表中删除记录,单击"是"按钮,查询到的记录将被删除。此时"学生党员信息表"中的数据如图 4-52 所示。

s_id	s_name	s_sex	s_major	s_subsidy	s_remark
s201510101	赵舜	女	计算机信息管	￥300.00	
s201510201	肖非	男	计算机信息管	￥300.00	
s201520101	王威	男	电子商务	￥300.00	
s201520202	齐璐璐	女	电子商务	￥300.00	

图 4-52　运行删除查询后的"学生党员信息表"

(5) 保存查询,查询名称为"市场营销专业党员删除查询"。

在运行删除查询时要注意表间的关系,若表间实施了参照完整性,并允许级联删除,则删除一对多关系中"一"方表中的记录时,"多"方表中的关联记录也将被删除。

4.5.3　追加查询

追加查询可以一次将一个或多个表中满足条件的记录添加到另一个表中。追加查询只能将源表中与目标表相匹配的字段值添加到目标表中,其他字段将被忽略。

【例 4.20】　创建追加查询,将学生表中"市场营销"专业党员的学号、姓名、性别、专业、补助、说明字段添加到"学生党员信息表"中。

此查询的数据来源于 student 表,查询的条件是"专业"等于"市场营销","是否党员"字段值为"真"。

操作步骤如下:

(1) 打开 StudentManage 数据库,选择"创建"选项卡中的"查询"组,单击"查询设计"按钮,选择 student 表,单击"添加"按钮。

(2) 选择"查询工具/设计"选项卡中的"查询类型"组,单击"追加"按钮,在打开的"追加"对话框中选择"当前数据库","表名称"框中输入"学生党员信息表",如图 4-53 所示,单击"确定"按钮。

图 4-53　"追加"对话框

(3) 双击 student 表中的 s_id、s_name、s_sex、s_major、s_subsidy、s_remark、s_mccp 字段,在查询设计网格中进行设置,如图 4-54 所示。

(4) 查看查询的结果。

(5) 单击"运行"按钮,运行该追加查询,此时会显示一个消息框,询问是否要追加选

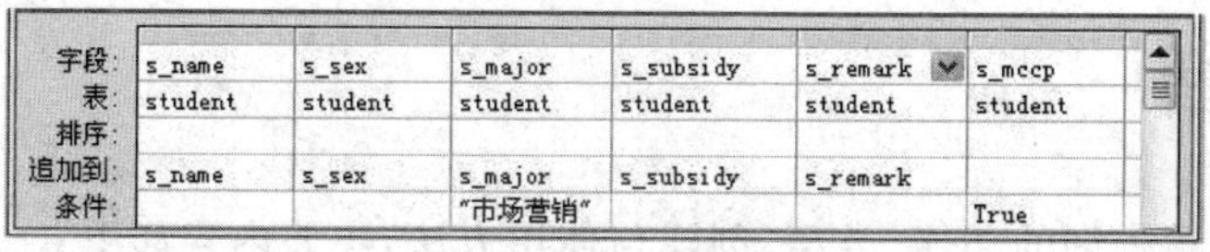

字段:	s_name	s_sex	s_major	s_subsidy	s_remark	s_mccp
表:	student	student	student	student	student	student
排序:						
追加到:	s_name	s_sex	s_major	s_subsidy	s_remark	
条件:			"市场营销"			True

图 4-54 追加查询的设置

中的记录，单击“是”按钮，查询到的记录将被追加到“学生党员信息表”中。

（6）保存查询，查询名称为“市场营销专业党员追加查询”。

4.5.4 更新查询

更新查询可以对一个或多个表中满足条件的记录进行批量修改，提高操作效率。若表间实施了参照完整性，并允许级联更新，则更新一对多关系中“一”方表中的记录时，“多”方表中的关联记录也将被更新。

【例 4.21】 创建更新查询，将“学生党员信息表”中“电子商务”专业学生的补助提高 50 元。

此查询的数据来源于“学生党员信息表”表，查询的条件是“专业”等于“电子商务”，所做的修改是补助提高 50 元。

操作步骤如下：

（1）打开 StudentManage 数据库，选择“创建”选项卡中的“查询”组，单击“查询设计”按钮，在“显示表”对话框中选择“学生党员信息表”，单击“添加”按钮。

（2）选择“查询工具/设计”选项卡中的“查询类型”组，单击“更新”按钮，双击“学生党员信息表”表中的 s_major、s_subsidy 字段，在查询设计网格中进行设置，如图 4-55 所示。

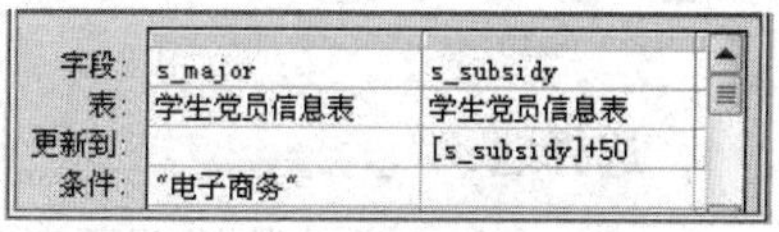

字段:	s_major	s_subsidy
表:	学生党员信息表	学生党员信息表
更新到:		[s_subsidy]+50
条件:	"电子商务"	

图 4-55 更新查询的设置

（3）选择“查询工具/设计”选项卡中的“结果”组，单击“视图”按钮，查看到要更新的记录。

（4）单击“运行”按钮，运行该更新查询，此时会显示一个消息框，询问是否要更新记录，单击“是”按钮，完成记录的更新。

（5）保存查询，查询名称为“电子商务专业党员更新补助”。此时“学生党员信息表”中的数据如图 4-56 所示。

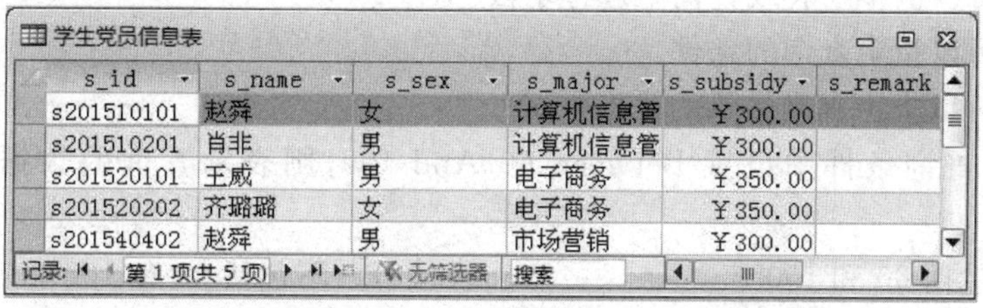

学生党员信息表

s_id	s_name	s_sex	s_major	s_subsidy	s_remark
s201510101	赵舜	女	计算机信息管	￥300.00	
s201510201	肖非	男	计算机信息管	￥300.00	
s201520101	王威	男	电子商务	￥350.00	
s201520202	齐璐璐	女	电子商务	￥350.00	
s201540402	赵舜	男	市场营销	￥300.00	

记录: 第 1 项(共 5 项) 无筛选器 搜索

图 4-56 运行更新查询后的“学生党员信息表”

本章小结

本章主要介绍查询的功能、类型、创建与使用方法，主要内容如下：

- 查询的功能主要有：选择记录和字段、统计和计算、表中记录的操作、作为其他数据库对象的数据来源。
- 查询可分为选择查询、参数查询、交叉表查询与操作查询。
- 查询的创建方法主要有3种：使用查询向导、使用查询设计视图、使用SQL语言。
- 选择查询是最常用的查询类型，是对表中的数据进行检索、统计、计算、排序等。可以使用简单查询向导、查找重复项查询向导、查询不匹配项查询向导、查询设计视图创建选择查询。
- 参数查询是在选择查询的基础上增加可变化的参数，提高查询的灵活性。参数名称不能与字段名相同，在查询设计视图中的"条件"行中以方括号[]括起来。根据参数个数的不同，参数查询分为单参数查询与多参数查询。
- 交叉表查询可以计算并重新组织数据的结构，由一个或多个行标题，一个列标题和一个总计值组成。可以使用交叉表查询向导与查询设计视图创建交叉表查询。
- 选择查询、参数查询、交叉表查询并不改变表中的数据，而操作查询是对表中数据进行操作。操作查询包含生成表查询、删除查询、追加查询、更新查询。

思考与习题

1. 选择题

(1) Access 查询的数据源可以是(　　)。

    A. 表   B. 查询   C. 表或查询   D. 窗体

(2) Access 查询向导不包括(　　)。

    A. 简单查询向导   B. 参数查询向导

    C. 交叉表查询向导   D. 查找重复项查询向导

(3) 使用查询向导创建选择查询时，以下说法正确的是(　　)。

    A. 只能从一个表或查询中选择字段

    B. 可以从多个表或查询中选择字段

    C. 可以指定查询的条件

    D. 可以指定查询结果的排序方式

(4) 若在查询条件中设置 Between 60 And 100，则表示查询的数据为 60～100，且(　　)。

    A. 包括 60 和 100   B. 不包括 60 和 100

    C. 包括 60，但不包括 100   D. 包括 100，但不包括 60

(5) 查询条件 In("语文","数学","英语")等同于(　　)。

    A. "语文" And "数学" And "英语"

B. "语文" Or "数学" Or "英语"

C. "语文" Not "数学" Not "英语"

D. "语文" And "数学" Or "英语"

(6) Access 中可以匹配任意多个字符的通配符是( )。

A. *　　　　　　B. ?　　　　　　C. []　　　　　　D. %

(7) 若要统计"学生"表中的男女生人数,应在查询设计网格中"性别"列的"总计"行中选择( )。

A. 计数　　　　B. 合计　　　　C. Where　　　　D. Group By

(8) 运行查询对象时,根据用户所输入的查询条件检索数据,并返回查询结果,这类查询称为( )。

A. 选择查询　　B. 参数查询　　C. 交叉表查询　　D. 操作查询

(9) 以下查询中不属于操作查询的是( )。

A. 删除查询　　B. 更新查询　　C. 追加查询　　D. 参数查询

(10) 在查询设计视图中,若某个字段只用于设定条件,而不显示在查询结果中,可通过查询设计网格的( )行进行设置。

A. 排序　　　　B. 显示　　　　C. 条件　　　　D. 总计

2. 填空题

(1) Access 中的查询可以分为以下 4 种类型:选择查询、参数查询、_____、_____。

(2) 创建查询的方法主要有_____、_____和_____。

(3) 在查询设计视图中,写在"条件"栏同行的条件之间是_____的关系,写在不同行的条件之间是_____的关系。

(4) 交叉表查询可以计算并重新组织数据的结构,由一个或多个_____,一个_____和一个_____组成。

(5) 若一个表中有"出生日期"字段,而没有年龄字段,若要显示年龄信息,则需要在查询设计视图中添加一个计算列,计算表达式为_____。

(6) 创建参数查询时,参数名称要用_____括起来,放在查询设计网格中的_____行中。

(7) 若要查询"姓名"字段中包含"李"字的所有记录,在"姓名"列的条件行中应输入_____。

(8) 利用_____查询可以将查询到的记录添加到一个已有的表中,而不影响该表中的原有数据。

3. 思考题

(1) 什么是查询?查询与筛选有什么区别?

(2) 查询与数据表是什么关系?

(3) 查询的类型有哪些?分别说明各种类型查询的作用。

(4) 简述使用查询设计视图创建查询的一般过程。

(5) 交叉表查询有什么特点?使用查询向导与使用查询设计视图创建交叉表查询有

什么区别?

4. 操作题

在 ProductManage 数据库中,完成以下查询的设计。

(1) 查询所有商品的销售信息,显示商品名称、供应商名称、超市名称、商品数量、生产时间、供应时间。

(2) 查询没有销售的商品信息。

(3) 查询供应商"美华"的信息,显示供应商编号、名称、联系电话、电子邮箱。

(4) 查询"面包"的销售信息,显示商品名称、商品单价、供应商名称、超市名称与商品数量。

(5) 统计各类商品的销售数量,显示商品名称、销售总量,按销售总量降序排列。

(6) 查询销售到"物美""美廉美"超市的商品名称、商品单价、商品数量、进入超市时间。

(7) 创建一个参数查询,按供应时间段查询销售的商品编号、供应商编号、超市编号、商品数量、商品生产时间、供应时间。

(8) 创建一个交叉表查询,查询各供应商向各超市销售商品的数量与总数量,显示供应商编号、供应商名称、超市名称、商品数量与总数量。

(9) 创建一个生成表查询,将供应商"艾菲"供应的商品名称、超市名称、商品单价、商品数量、生产时间保存到一个新表"艾菲供应商品"表中。

(10) 创建一个删除查询,删除"艾菲供应商品"表中"食用油"商品的信息。

(11) 创建一个追加查询,将供应商"艾菲"供应的"食用油"商品的商品名称、超市名称、商品单价、商品数量、生产时间添加到"艾菲供应商品"表中。

(12) 创建一个更新查询,将"艾菲供应商品"表中所有商品的单价提高 0.5 元。

第 5 章

SQL 语 言

情景导入

结构化查询语言(Structured Query Language)简称 SQL 语言,是一种数据库查询和程序设计语言,用于存取数据以及查询、更新和管理关系数据库系统。结构化查询语言是高级的非过程化编程语言,允许用户在高层数据结构上工作。它不要求用户指定对数据的存放方法,也不需要用户了解具体的数据存放方式,所以具有完全不同底层结构的不同数据库系统,可以使用相同的结构化查询语言作为数据输入与管理的接口。结构化查询语言语句可以嵌套,这使它具有极大的灵活性和强大的功能。

本章主要介绍 SQL 语言中的数据查询、插入、修改、删除语句的使用。

5.1 SQL 语言简介

SQL 语言是一种特殊目的的编程语言,是一种数据库查询和程序设计语言,用于存取数据以及查询、更新和管理关系数据库系统,同时也是数据库脚本文件的扩展名。

5.1.1 SQL 语言概述

SQL 语言是最重要的关系数据库操作语言,并且它的影响已经超出数据库领域,得到其他领域的重视和采用,如人工智能领域的数据检索,第四代软件开发工具中嵌入 SQL 语言等。

SQL 是 1986 年 10 月由美国国家标准局(ANSI)通过的数据库语言美国标准,接着,国际标准化组织(ISO)颁布了 SQL 正式国际标准。1989 年 4 月,ISO 提出了具有完整性特征的 SQL 89 标准,1992 年 11 月又公布了 SQL 92 标准,在此标准中,把数据库分为三个级别:基本集、标准集和完全集。

各种不同的数据库对 SQL 语言的支持与标准存在细微的不同,这是因为有些产品的开发先于标准的公布。另外,各产品开发商为了达到特殊的性能或新的特性,需要对标准进行扩展。

SQL 语言基本上独立于数据库本身、使用的机器、网络、操作系统，基于 SQL 的 DBMS 产品可以运行在从个人机、工作站到基于局域网、小型机和大型机的各种计算机系统上，具有良好的可移植性。可以看出标准化的工作是很有意义的。早在 1987 年就有一些有识之士预测 SQL 的标准化是"一场革命"，是"关系数据库管理系统的转折点"。数据库和各种产品都使用 SQL 作为共同的数据存取语言和标准的接口，使不同数据库系统之间的互操作有了共同的基础，进而实现异构机、各种操作环境的共享与移植。

5.1.2　SQL 语言的组成

SQL 语言按其实现的功能，可分为以下 4 类。

（1）数据定义语言（Data Definition Language，DDL）。

DDL 语句包括动词 CREATE、ALTER 和 DROP，用于定义数据的逻辑结构及数据项之间的关系，如在数据库中创建新表、修改表结构或删除表等。

（2）数据操纵语言（Data Manipulation Language，DML）。

DML 语句包括动词 INSERT、UPDATE 和 DELETE，它们分别用于添加、修改和删除表中的数据。

（3）数据查询语言（Data Query Language，DQL）。

DQL 语句也称为"数据检索语句"，用以从表中获得数据，确定数据怎样在应用程序中给出。保留字 SELECT 是 DQL 语句（也是所有 SQL 语言）中用得最多的动词。

（4）数据控制语言（Data Control Language，DCL）。

DCL 语句通过 GRANT 或 REVOKE 获得许可，确定单个用户和用户组对数据库对象的访问权限。某些 RDBMS 可用 GRANT 或 REVOKE 控制对表中单个列的访问。

5.2　数据查询

数据查询是数据库操作中使用频率最高的操作，在 Access 数据库中既可以使用图形用户界面来完成，也可以使用相应的 SQL 语句来实现。

5.2.1　SELECT 语句的基本格式

SELECT 语句主要用于查询数据表中满足条件的数据记录。可以是单表查询，也可以是多表查询；能显示表中全部字段，也可显示部分指定字段；可对表查询结果排序，也可对记录进行分组统计。SELECT 语句的基本格式，如图 5-1 所示。

- SELECT 子句用于指定要查询的字段集合。
- FROM 子句用于指定查询来源的表或查询。
- WHERE 子句用于指定查询记录的条件。如果省略该子句，则查询将返回表中的所有行。
- ORDER BY 子句用于指定按照某字段递增或递减的顺序对查询的结果记录进行排序。
- GROUP BY 子句用于对查询结果进行分组，将指定字段中的相等值组合成单一

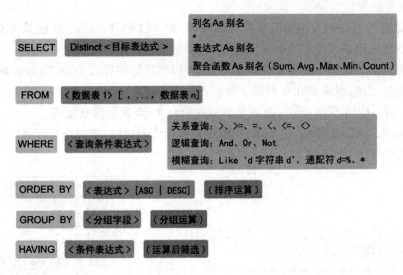

图 5-1　SELECT 语句的基本格式

记录。常与聚合函数,如 Sum 或 Count 等一起使用,进行分组统计。

- HAVING 子句必须与 GROUP BY 子句一起使用,用于限制分组的条件,仅显示那些经 GROUP BY 子句分组并满足 HAVING 子句中条件的记录。

【例 5.1】　使用 SQL 语言,在 StudentManage 数据库中查询所有学生的学号、姓名和专业。

操作步骤如下:

(1) 打开 StudentManage 数据库,选择"创建"选项卡中的"查询"组,单击"查询设计"按钮,打开查询设计视图。在"显示表"对话框中单击"关闭"按钮,关闭"显示表"对话框。

(2) 选择"查询工具/设计"选项卡中的"结果"组,单击"视图"下拉按钮,选择"SQL 视图",打开 SQL 视图。

(3) 在 SQL 视图中输入相应的代码,如图 5-2 所示。

(4) 选择"查询工具/设计"选项卡中的"结果"组,单击"运行"按钮,或单击"视图"按钮,查看查询的结果,如图 5-3 所示。

图 5-2　查询语句　　　　　　　　　　　　图 5-3　查询结果

(5) 保存查询。

SQL 语言对书写的大小写没有特殊的限制,如 SELECT 与 select 的意义是一样的。标点符号的输入则必须用英文的标点符号,否则运行会出错。

如果要查询数据表中的所有字段信息,则可以将目标字段写为"＊",如果要去掉查询结果中的重复记录,则需要在查询的字段前面加上关键字 distinct。

【例 5.2】 使用 SQL 语言,查询学生所在的专业,要求去除重复项。

操作步骤与例 5.1 相似,在 SQL 视图中输入相应的代码,如图 5-4 所示。

查询的结果如图 5-5 所示。

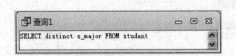

图 5-4　去除重复项的查询语句　　　　图 5-5　学生所在的专业

5.2.2　WHERE 子句

WHERE 子句用于指定查询记录的条件,只有符合查询条件的记录才会出现在查询结果中。WHERE 子句中,通常要用到各种运算符,例如,比较运算符、逻辑运算符、范围运算符、模糊运算符、空值运算符等。

【例 5.3】 使用 SQL 语言,查询入学成绩在 500 分以上(含 500 分)的学生的相关信息。

操作步骤如下:

(1) 创建查询,在 SQL 视图中输入相应的代码,如图 5-6 所示。

图 5-6　查询入学成绩 500 分及以上的学生信息

(2) 运行结果如图 5-7 所示。

s_id	s_name	s_sex	s_birthda	s_mccp	s_er	s_major	s_nativep	s_subsidy	s_rem
s201410101	孙京	男	1996-07-07	☐	502	计算机信息管	上海	¥300.00	
s201510101	赵舜	女	1997-08-07	☑	516	计算机信息管	北京	¥300.00	
s201510201	肖非	男	1995-01-02	☑	520	计算机信息管	云南	¥300.00	
s201520202	齐璐璐	女	1996-09-10	☑	500	电子商务	陕西	¥300.00	
s201530103	张东	男	1996-10-02	☐	520	软件工程	山东	¥300.00	
s201540402	赵舜	男	1997-07-08	☐	511	市场营销	山西	¥300.00	

记录 | ◀ 第1项(共6项) ▶ ▶| ▶* ▼ 无筛选器　搜索

图 5-7　入学成绩 500 分及以上的学生信息

【例5.4】 使用 SQL 语言,查询所有入学成绩为 450～500 分的学生信息。

操作步骤如下:

(1)创建查询,在 SQL 视图中输入相应的代码,如图 5-8 所示。

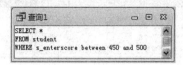

图 5-8 查询入学成绩为 450～500 分的学生信息

(2)运行结果如图 5-9 所示。

图 5-9 入学成绩为 450～500 分的学生信息

注意:between...and 包含边界值。

【例5.5】 使用 SQL 语言,查询所有计算机信息管理专业的女学生的相关信息。

操作步骤如下:

(1)创建查询,在 SQL 视图中输入相应的代码,如图 5-10 所示。

图 5-10 查询计算机信息管理专业女学生的信息

(2)运行结果如图 5-11 所示。

图 5-11 计算机信息管理专业女学生的信息

【例5.6】 使用 SQL 语言,查询所有电子商务和市场营销专业的学生信息。

操作步骤如下:

(1)创建查询,在 SQL 视图中输入相应的代码,如图 5-12 所示。

图 5-12 查询电子商务和市场营销专业的学生信息

（2）运行结果如图 5-13 所示。

s_id	s_name	s_sex	s_birthda	s_mccp	s_er	s_major	s_nativep	s_subsidy	s_rem
s201520101	王威	男	1996-05-05	☑	478	电子商务	福建	¥300.00	
s201520202	齐璐璐	女	1996-09-10	☑	500	电子商务	陕西	¥300.00	
s201540401	冉飞云	女	1995-02-09	☑	482	市场营销	上海	¥300.00	
s201540402	赵舜	男	1997-07-08	☐	511	市场营销	山西	¥300.00	

记录：◄ ◄ 第 1 项(共 4 项) ► ►► ◄ 无筛选器 搜索

图 5-13   电子商务和市场营销专业的学生信息

【例 5.7】   使用 SQL 语言，查询所有姓名是三个字的学生信息。

操作步骤如下：

（1）创建查询，在 SQL 视图中输入相应的代码，如图 5-14 所示。

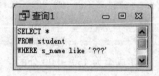

```
SELECT *
FROM student
WHERE s_name like '???'
```

图 5-14   查询姓名是三个字的学生信息

（2）运行结果如图 5-15 所示。

s_id	s_name	s_sex	s_birthda	s_mccp	s_er	s_major	s_nativep	s_subsidy	s_rem
s201510202	李晶晶	女	1995-12-29	☑	410	计算机信息管	北京	¥300.00	
s201520202	齐璐璐	女	1996-09-10	☑	500	电子商务	陕西	¥300.00	
s201540401	冉飞云	女	1995-02-09	☑	482	市场营销	上海	¥300.00	

记录：◄ ◄ 第 1 项(共 3 项) ► ►► ◄ 无筛选器 搜索 ◄

图 5-15   姓名是三个字的学生信息

5.2.3   ORDER BY 子句

通过在 SELECT 语句中加入 ORDER BY 子句可以控制查询结果的显示顺序。
ORDER BY 子句用于指定按某一字段递增或递减的顺序对查询的结果记录进行排序。
排序可以是升序（ASC），也可以是降序（DESC）。若未指定排序方式，默认为升序。

【例 5.8】   使用 SQL 语言，查询所有学生的相关信息，并按照入学成绩降序排列。

操作步骤如下：

（1）创建查询，在 SQL 视图中输入相应的代码，如图 5-16 所示。

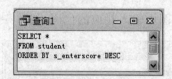

```
SELECT *
FROM student
ORDER BY s_enterscore DESC
```

图 5-16   查询结果按入学成绩降序排列

（2）运行结果如图 5-17 所示。

s_id	s_name	s_sex	s_birthda	s_mccp	s_e1	s_major	s_nativep	s_subsidy	s_rem
s201530103	张东	男	1996-10-02	☐	520	软件工程	山东	¥300.00	
s201510201	肖非	男	1995-01-02	☑	520	计算机信息管	云南	¥300.00	
s201510101	赵舜	女	1997-08-07	☑	516	计算机信息管	北京	¥300.00	
s201540402	赵舜	男	1997-07-08	☐	511	市场营销	山西	¥300.00	
s201410101	孙京	男	1996-07-07	☐	502	计算机信息管	上海	¥300.00	
s201520202	齐璐璐	女	1996-09-10	☑	500	电子商务	陕西	¥300.00	
s201540401	冉飞云	女	1995-02-09	☑	482	市场营销	上海	¥300.00	
s201520101	王威	男	1996-05-05	☑	478	电子商务	福建	¥300.00	
s201510102	钱伟	男	1996-11-06	☐	466	计算机信息管	山西	¥300.00	
s201510202	李晶晶	女	1995-12-29	☑	410	计算机信息管	北京	¥300.00	

记录：第 1 项(共 10 项)　无筛选器　搜索

图 5-17　按入学成绩降序排列

5.2.4　GROUP BY 子句

在 SELECT 语句中，GROUP BY 和 HAVING 子句用来对数据进行分组汇总。GROUP BY 子句指明了按照哪个字段来分组，在将记录分组后，用 HAVING 子句限制分组的条件，过滤不满足条件的分组记录。

使用 GROUP BY 子句进行分组，返回的结果中，每一行都产生聚合值。常用的聚合函数包括：

- Sum()：返回一个数字列或计算列的总和；
- Avg()：返回一个数字列或计算列的平均值；
- Min()：返回一个数字列或计算列的最小值；
- Max()：返回一个数字列或计算列的最大值；
- Count()：返回非空值的记录个数；
- Count(＊)：返回符合条件的记录个数。

【例 5.9】　使用 SQL 语言，查询各专业的学生人数。

操作步骤如下：

（1）创建查询，在 SQL 视图中输入相应的代码，如图 5-18 所示。

（2）运行结果如图 5-19 所示。

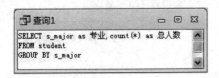

```
SELECT s_major as 专业,count(*) as 总人数
FROM student
GROUP BY s_major
```

图 5-18　查询各专业的学生人数

专业	总人数
电子商务	2
计算机信息管	5
软件工程	1
市场营销	2

记录：第 1 项(共 4 项)

图 5-19　各专业的学生人数

5.3 数据更新

SQL语言的数据操纵也称为数据更新，主要包括插入数据、修改数据和删除数据三种语句。

5.3.1 插入数据

插入数据是把新的记录插入到一个已经存在的表中。插入数据使用 INSERT 命令，一次可插入一条记录，也可以同时插入多条记录。

INSERT 命令的语法格式如下：

`INSERT INTO 表名 (字段名 1,字段名 2,...) VALUES(值 1,值 2,...)`

- INTO 子句用于指定要插入数据的表名及表中插入新值的字段名。
- 当向表中所有列插入数据且数据的输入顺序与表结构相同时，字段名列可以省略。
- VALUES 子句用于指定插入的字段值，值的数据类型、顺序、数量要与 INTO 子句中所列出的字段名的类型、顺序、数量相一致。

【例 5.10】 使用 SQL 语言，向 score 表中插入一条记录("s201410101","c1011"，85)。

操作步骤如下：

（1）创建查询，在 SQL 视图中输入相应的代码，如图 5-20 所示。

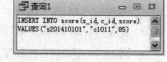

图 5-20 插入数据

（2）单击"结果"组中的"运行"按钮，将弹出提示对话框，如图 5-21 所示，单击"是"按钮，完成数据的插入。

（3）打开 score 表，可以看到在该表中新插入的记录，如图 5-22 所示。

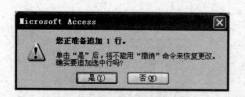

图 5-21 "您正准备追加 1 行"的提示对话框

s_id	c_id	score
s201410101	c1011	85.0
s201510101	c1021	90.0
s201510101	c1031	80.0
s201510102	c1041	98.0
s201510102	c1051	56.0
s201510201	c1011	85.0
s201510201	c1021	100.0
s201510201	c1041	83.0
s201520202	c1031	95.0

图 5-22 插入数据的结果

5.3.2 修改数据

修改数据使用 UPDATE 命令，UPDATE 命令的语法格式如下：

UPDATE 表名 SET 字段名=新值 WHERE 条件

- 表名指定要修改数据的表名称。
- SET 子句是为指定字段赋予新值,值的类型要与字段的数据类型兼容,并符合字段的约束条件。一次可以修改多个字段的值。
- WHERE 子句指定修改数据的条件,仅对满足条件的记录进行修改。如果省略 WHERE 子句,则对所有记录进行修改。

【例5.11】 使用 SQL 语言,将 score 表中学号为 s201410101 的学生所有成绩提高5分。

操作步骤如下:

(1) 创建查询,在 SQL 视图中输入相应的代码,如图 5-23 所示。

(2) 单击"结果"组中的"运行"按钮,将弹出提示对话框,如图 5-24 所示,单击"是"按钮,完成数据的修改。

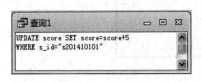

图 5-23 修改数据

图 5-24 "您正准备更新 1 行"的提示对话框

(3) 打开 score 表,可以看到修改后的数据,如图 5-25 所示。

图 5-25 修改数据的结果

5.3.3 删除数据

删除数据使用 DELETE 命令。DELETE 命令的语法格式如下:

DELETE FROM 表名 WHERE 条件

- FROM 子句指定要从哪个表中删除数据。
- WHERE 子句指定删除数据的条件,仅对满足条件的记录进行删除。如果省略 WHERE 子句,则删除表中所有记录,仅保留表的结构。

【例 5.12】　使用 SQL 语言,删除 score 表中学号为 s201410101 的相关记录。

操作步骤如下:

(1) 创建查询,在 SQL 视图中输入相应的代码,如图 5-26 所示。

图 5-26　删除数据

(2) 单击"结果"组中的"运行"按钮,将弹出提示对话框,如图 5-27 所示,单击"是"按钮,完成数据的删除。

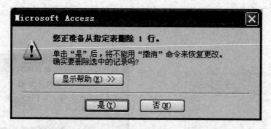

图 5-27　"您正准备从指定表删除 1 行"的提示对话框

(3) 打开 score 表,可以看到删除操作后的数据,如图 5-28 所示。

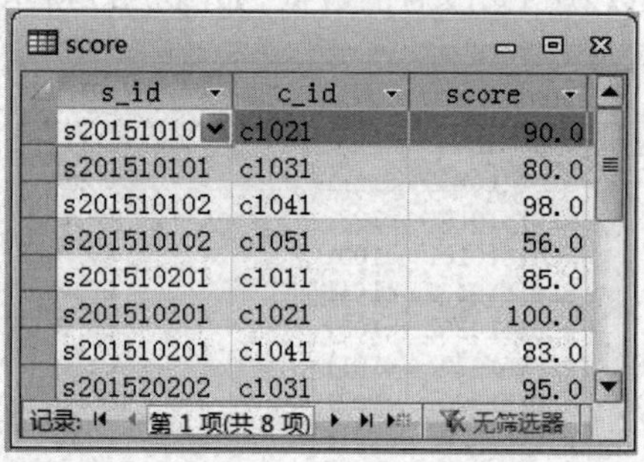

图 5-28　删除数据的结果

本章小结

本章主要介绍结构化查询语言 SQL 在 Access 中的应用。主要内容如下:

- 结构化查询语言 SQL 的基本组成:数据定义语言、数据操纵语言、数据查询语言、数据控制语言。
- 数据查询语句 SELECT 的语法结构与基本应用。
- 数据更新语句 INSERT、UPDATE 和 DELETE 的语法结构及基本应用。

思考与习题

1. 选择题

(1) 在 SQL 的查询语句中,ORDER BY 子句实现对结果表的(　　)功能。

    A. 分组统计　　　　B. 求和　　　　　　C. 查找　　　　　　D. 排序

(2) 在 SQL 中,对基本表进行插入记录的命令为(　　)。

    A. CREATE　　　　B. UPDATE　　　　C. DELETE　　　　D. INSERT

(3) SQL 查询语句中 HAVING 子句的作用是(　　)。

    A. 指出分组查询的范围　　　　　　B. 指出分组查询的值

    C. 指出分组查询的条件　　　　　　D. 指出分组查询的字段

(4) SQL 的数据操纵语句不包括(　　)。

    A. INSERT　　　　B. UPDATE　　　　C. DELETE　　　　D. CHANGE

(5) SQL 语句中查询条件的关键字是(　　)。

    A. WHERE　　　　B. FOR　　　　　　C. WHILE　　　　D. CONDITION

(6) 如果希望从学生表中查询出所有姓"张"的同学信息,那么条件语句应该设置为(　　)。

    A. WHERE 姓名 * '张'　　　　　　B. WHERE 姓名 LIKE '张 * '

    C. WHERE 姓名 ? 'LIKE 张'　　　　D. WHERE 姓名 LIKE '张'

(7) 下面有关 HAVING 子句描述错误的是(　　)。

    A. HAVING 子句必须与 GROUP BY 子句同时使用,不能单独使用

    B. 使用 HAVING 子句的同时不能使用 WHERE 子句

    C. 使用 HAVING 子句的同时可以使用 WHERE 子句

    D. 使用 HAVING 子句的作用是限定分组的条件

(8) 删除"职工"表中没有写入工资的记录,应该使用的命令是(　　)。

    A. DELETE from 职工 WHERE 工资＝null

    B. DELETE from 职工 WHERE 工资＝!null

    C. DELETE from 职工 WHERE 工资 is null

    D. DELETE from 职工 WHERE 工资 is not null

(9) 按字段名的值进行分组的语句是(　　)。

    A. GROUP BY　　B. ARRAY BY　　C. ORDER BY　　D. GROUP

(10) 在 ORDER BY 子句中,ASC 表示(　　);省略 ASC 表示(　　)。

    A. 升序,降序　　B. 降序,升序　　C. 升序,升序　　D. 降序,降序

2. 填空题

(1) SQL 是＿＿＿＿＿＿的缩写。

(2) SQL 语言按其实现的功能,可分为 4 类,分别是＿＿＿＿＿、数据操纵语言、＿＿＿＿＿、＿＿＿＿＿。

(3) 在 Access 中,使用 SQL 语言,创建表使用_____命令,向表中添加记录使用_____命令,修改表中的数据使用_____命令,删除表中的数据使用_____命令。

(4) 当需要对查询结果进行排序时,可以指定排序方式,字段名后使用_____表示升序,_____表示降序。

(5) 对数据进行统计时,求最大值的函数是_____。

3. 思考题

(1) 什么是 SQL 语言?

(2) SQL 语言主要包括几部分? 分别是什么?

(3) 简述 SELECT 语句的基本结构,并说明各个子句的功能。

4. 操作题

使用 SQL 语言,在 ProductManage 数据库中,完成以下操作。

(1) 查询所有供应商的信息。

(2) 查询所有供应商的所在城市,要求去除重复项。

(3) 查询所有大、中型超市的信息。

(4) 查询所有商品信息,并按商品价格升序排列。

(5) 查询各种规模的超市数量。

(6) 查询各种商品的销售数量,仅显示销售数量超过 1000 的记录。

(7) 查询 2015 年 9 月进入超市的商品的销售信息。

(8) 向超市表中插入两个记录("sm8","欧尚","中","北京"),("sm9","好邻居","小","上海")。

(9) 将"欧尚"超市的规模修改为"大"。

(10) 删除超市表中编号为"sm8""sm9"的记录。

第 6 章

窗 体

情景导入

本章将学习 Access 数据库中最"好用"的窗体部分,它可以将各类数据库对象组织起来,构建具有一定功能和风格的数据库应用系统。窗体的使用者能够利用窗体输入、编辑或查看数据。

本章主要介绍如何使用 Access 窗体的各种特性来创建各种用途的窗体。

6.1 窗体简介

窗体是 Access 数据库的对象之一,是用户和数据库应用系统进行人机交互的界面。通过窗体,用户可以方便地输入数据、编辑数据、显示和查询表中的数据。窗体本身并不存储数据,它通过各类控件可以实现对数据表、查询或其他数据库对象的操作。在开发数据库应用系统的过程中,不仅要合理设计,满足各种使用要求,而且还要提供功能完善、操作便捷直观的人机交互界面,将整个应用程序组织起来,形成一个完整的数据库应用系统,用以实现数据、指令的输入和各类数据形态的输出显示。窗体是使用者和应用系统的桥梁。

6.1.1 窗体的功能

具体来说,窗体的功能主要体现在以下几个方面。

(1) 数据的输入与编辑:通过窗体的设计界面,可以向表中输入数据,或对已有数据进行修改等编辑操作。

(2) 信息显示和数据打印:可以通过窗体显示或打印表中的数据或查询到的数据,还可以显示一些警告信息或解释信息。

(3) 应用程序流程控制:窗体能够与函数、过程相结合,通过编写宏或 VBA 代码完成各种复杂的处理功能,控制程序的执行。

6.1.2 窗体的类型

根据窗体中数据显示方式的不同,可以把窗体分为多种类型,包括纵栏式窗体、表格式窗体、数据表窗体、数据透视表窗体、数据透视图窗体等。

1. 纵栏式窗体

纵栏式窗体是最常见的窗体类型,又称为"单个窗体",特点是一次只能显示一条记录,记录中的各个字段纵向显示,左侧显示字段名,右侧显示字段值,如图 6-1 所示。

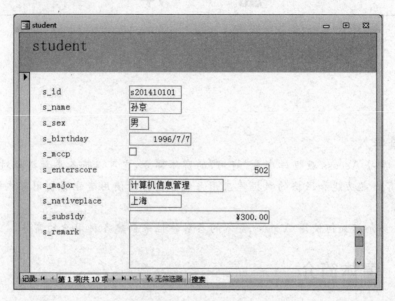

图 6-1　纵栏式窗体

2. 表格式窗体

表格式窗体又称为"连续窗体",可一次显示多条记录,每条记录显示为一行,显示的记录数由窗体大小而定,当记录数或字段数超出窗体的显示范围时,会出现垂直或水平滚动条。表格式窗体如图 6-2 所示。

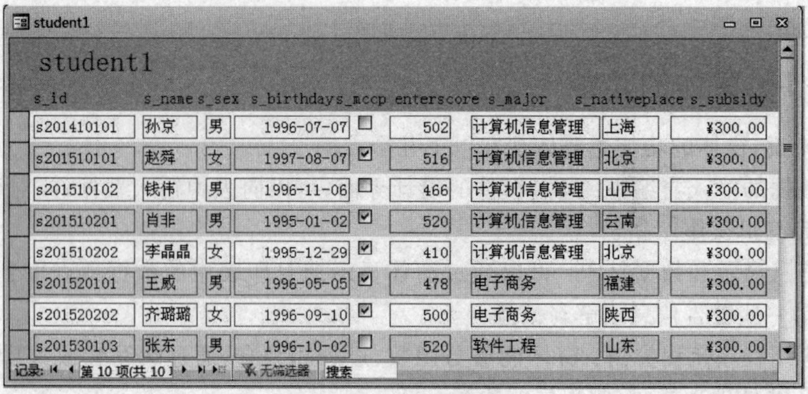

图 6-2　表格式窗体

3. 数据表窗体

数据表窗体在执行后,就如同打开数据表,通常此类窗体用来作为一个窗体的子窗体使用。数据表窗体如图 6-3 所示。

s_id	s_name	s_	s_birthday	s_mccp	s_enterscor	s_major	s_nativep	s_subsidy	s_remar
s201410101	孙京	男	1996-07-07	□	502	计算机信息管理	上海	¥300.00	
s201510101	赵舞	女	1997-08-07	☑	516	计算机信息管理	北京	¥300.00	
s201510102	钱怖	男	1996-11-06	☑	466	计算机信息管理	山西	¥300.00	
s201510201	肖非	男	1995-01-02	☑	520	计算机信息管理	云南	¥300.00	
s201510202	李晶晶	女	1995-12-29	☑	410	计算机信息管理	北京	¥300.00	
s201520101	王威	男	1996-05-05	☑	478	电子商务	福建	¥300.00	
s201520202	齐璐璐	女	1996-09-10	☑	500	电子商务	陕西	¥300.00	
s201530103	张东	男	1996-10-02	☑	520	软件工程	山东	¥300.00	
s201540401	冉飞云	女	1995-02-09	☑	482	市场营销	上海	¥300.00	
s201540402	赵舞	男	1997-07-08	□	511	市场营销	山西	¥300.00	

记录: ◄ ◄ 第1项(共10项) ► ► ► 无筛选器 搜索

图 6-3　数据表窗体

4. 数据透视表窗体

数据透视表窗体通过指定筛选字段、行字段、列字段与汇总或明细字段,改变表或查询中的数据显示方式,主要用于数据的统计与分析。数据透视表窗体如图 6-4 所示。

student3

s_major ▼			
计算机信息管理			
	s_sex ▼		
	男	女	总计
	+ -	+ -	+ -
s_nativeplace ▼	s_id 的计数	s_id 的计数	s_id 的计数
北京		2	2
山西	1		1
上海	1		1
云南	1		1
总计	3	2	5

图 6-4　数据透视表窗体

5. 数据透视图窗体

数据透视图窗体是以图表的形式形象直观地显示统计与分析的结果。数据透视图窗体如图 6-5 所示。

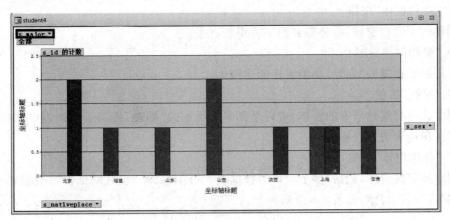

图 6-5　数据透视图窗体

6.2 创建窗体

在 Access 2010 中,单击"创建"选项卡,在"窗体"组中提供了创建窗体的功能按钮,包括"窗体""窗体设计""空白窗体""窗体向导""导航"和"其他窗体",如图 6-6 所示。单击"导航"和"其他窗体"按钮,会展开下拉列表,列表中还有很多创建窗体的方式,如图 6-7 和图 6-8 所示。

图 6-6 创建窗体的功能按钮

图 6-7 "导航"按钮下拉列表

图 6-8 "其他窗体"按钮下拉列表

6.2.1 窗体的功能按钮

1)"窗体"按钮

可对当前选择或打开的表或查询自动创建窗体,这种窗体每次显示一条记录的信息。

2)"窗体设计"按钮

通过窗体设计视图创建窗体,是最常见的创建窗体的方法。

3)"空白窗体"按钮

创建一个空白窗体,再将需要的字段添加进去。

4)"窗体向导"按钮

使用系统提供的"向导"功能快速创建窗体。

5)"导航"按钮

创建具有导航选项卡的窗体,可以从图 6-7 所示的"导航"按钮下拉列表中选择导航选项卡在窗体中的布局格式。

6)"其他窗体"按钮

创建特定的窗体,包括"多个项目""数据表""分割窗体""模式对话框""数据透视图"和"数据透视表"窗体,如图 6-8 所示。

在 Access 2010 中,创建窗体的方法主要有三种:自动创建窗体、使用向导创建窗体、使用窗体设计视图创建窗体。通常是在自动创建窗体或使用向导创建窗体的大体框架基础上,再通过窗体设计视图进行窗体的布局和属性的调整。

6.2.2 自动创建窗体

自动创建窗体是创建窗体的最快捷方式,将选择的单个表或查询作为窗体的数据源,窗体中包含表或查询中的所有字段和记录。

1. 使用"窗体"按钮创建窗体

【例6.1】 在 StudentManage 数据库中使用"窗体"按钮自动创建"学生成绩"窗体。

操作步骤如下:

(1) 打开 StudentManage 数据库,在导航窗格中选择作为数据源的 score 表。

(2) 选择"创建"选项卡中的"窗体"组,单击"窗体"按钮,系统自动创建窗体,并以布局视图显示,在布局视图中,可在显示窗体的同时,对窗体进行修改,如图 6-9 所示。

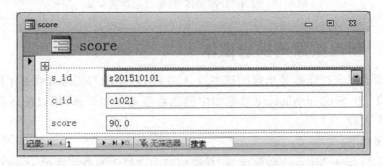

图 6-9 使用"窗体"按钮自动创建窗体

(3) 选择"文件"菜单中的"保存"命令,或单击快速访问工具栏中的"保存"按钮,在"另存为"对话框中输入窗体名称"学生成绩",单击"确定"按钮。

2. 使用"分割窗体"按钮创建窗体

使用"分割窗体"按钮创建窗体的步骤与使用"窗体"按钮创建窗体的步骤相同,只是窗体中数据的显示方式不同。在分割窗体中将窗体分割为上、下两部分,上部分以单记录方式显示数据,下部分以数据表方式显示所有记录,上、下两部分始终保持同步。

【例6.2】 在 StudentManage 数据库中使用"分割窗体"按钮自动创建"课程信息分割窗体"。

操作步骤如下:

(1) 打开 StudentManage 数据库,在导航窗格中选择作为数据源的 course 表。

(2) 选择"创建"选项卡中的"窗体"组,单击"其他窗体"按钮,从下拉列表中选择"分割窗体"命令,系统自动创建窗体,并以布局视图显示,如图 6-10 所示。

(3) 保存窗体,窗体名为"课程信息分割窗体"。

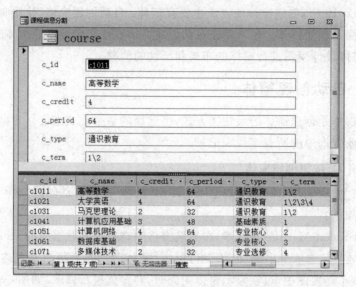

图 6-10   使用"分割窗体"按钮自动创建窗体

6.2.3   创建数据透视表窗体

创建数据透视表窗体需要指定筛选字段、行字段、列字段与汇总或明细字段。

【例 6.3】   在 StudentManage 数据库中创建数据透视表窗体,用以统计各专业不同籍贯的男女生人数。

操作步骤如下:

(1)打开 StudentManage 数据库,在导航窗格中选择作为数据源的 student 表。

(2)选择"创建"选项卡中的"窗体"组,单击"其他窗体"按钮,从下拉列表中选择"数据透视表"命令,打开数据透视表设计窗口,同时显示"数据透视表字段列表",如图 6-11 所示。

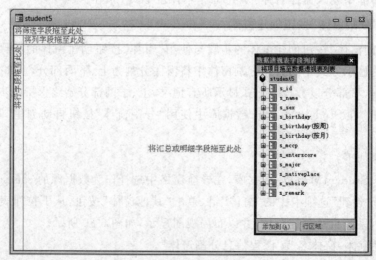

图 6-11   数据透视表设计窗口

（3）将"数据透视表字段列表"中的字段拖动到对应的区域。将 s_major 字段拖动到左上角的筛选字段区域，s_nativeplace 字段拖动到左侧的行字段区域，s_sex 字段拖动到列字段区域，选择 s_id 字段，在"数据透视表字段列表"右下角的下拉列表中选择"数据区域"，单击"添加到"按钮，如图 6-12 所示。

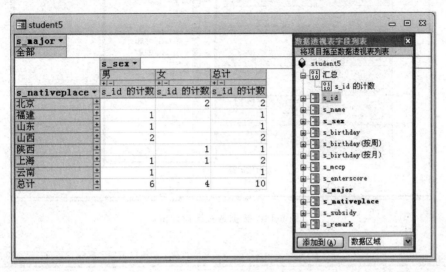

图 6-12　创建数据透视表窗体

在数据透视表窗体中，可以通过筛选字段，查看各专业或所有专业不同籍贯的男女生人数，如图 6-13 所示。

（4）保存窗体。

6.2.4　创建数据透视图窗体

创建数据透视图窗体需要指定筛选字段、分类字段、系列字段与数据字段。

图 6-13　筛选字段

【例 6.4】　在 StudentManage 数据库中创建数据透视图窗体，用以统计各专业男女生入学成绩的平均分。

操作步骤如下：

（1）打开 StudentManage 数据库，在导航窗格中选择作为数据源的 student 表。

（2）选择"创建"选项卡中的"窗体"组，单击"其他窗体"按钮，从下拉列表中选择"数据透视图"命令，打开数据透视图设计窗口，同时显示"图表字段列表"，如图 6-14 所示。

（3）将"图表字段列表"中的字段拖动到对应的区域。将 s_major 字段拖动到分类字段区域，s_sex 字段拖动到系列字段区域，将 s_enterscore 字段拖动到数据字段区域，在"s_enterscore的和"数据字段上右击，选择"自动计算"下的"平均值"命令，关闭"图表字段列表"，如图 6-15 所示。

（4）保存窗体。

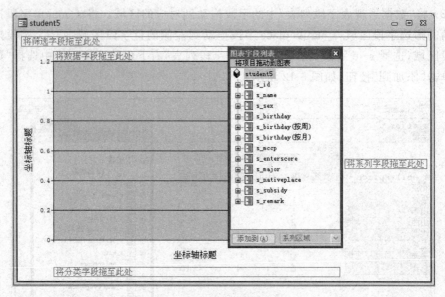

图 6-14　数据透视图设计窗口

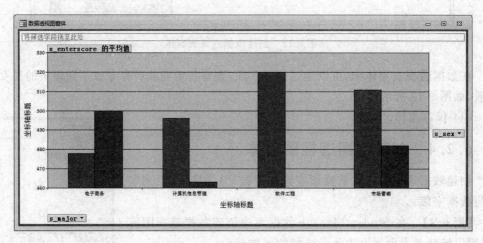

图 6-15　创建数据透视图窗体

6.2.5　使用向导创建窗体

使用窗体向导可以在系统引导下快速创建窗体。与自动创建窗体不同的是,在使用向导创建窗体的过程中可以选择所需要的字段以及合适的窗体布局。

1. 利用窗体向导创建基于单数据源的窗体

【例 6.5】　在 StudentManage 数据库中使用窗体向导创建"学生信息纵栏"窗体,显示学生的学号、姓名、性别、出生日期和专业。

操作步骤如下:

(1) 打开 StudentManage 数据库,选择"创建"选项卡的"窗体"组,单击"窗体向导"按钮,弹出"窗体向导"对话框。在"表/查询"文本框中选择"表:student"作为窗体的数据源,在"可选字段"列表中,双击或使用字段选取移动箭头选中 s_id、s_name、s_sex、s_birthday、s_major 5 个字段,将其添加到"选定字段"一栏中,如图 6-16 所示。

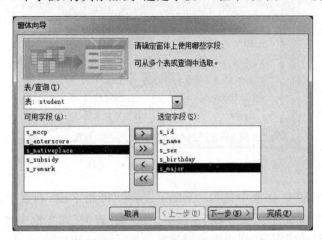

图 6-16　选定数据源和字段

（2）单击"下一步"按钮,确定窗体使用的布局,这里选择"纵栏表",如图 6-17 所示。

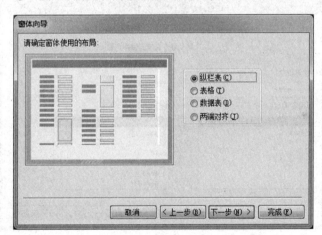

图 6-17　确定窗体布局

（3）单击"下一步"按钮,在"请为窗体指定标题"文本框中输入窗体的名称"学生信息纵栏"。单击"完成"按钮,完成窗体的创建,进入所建窗体的预览界面,如图 6-18 所示。

2. 利用窗体向导创建基于多数据源的窗体

【例 6.6】　以 student 表、score 表和 course 表为数据源,通过窗体向导创建"课程成绩"窗体,显示每门课程的成绩。

操作步骤如下:

（1）打开 StudentManage 数据库,选择"创建"选项卡的"窗体"组,单击"窗体向导"按钮,弹出"窗体向导"对话框。

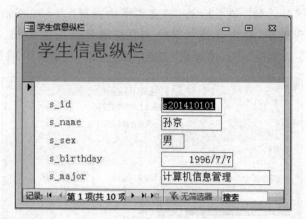

图 6-18　"学生信息纵栏"窗体

（2）在"表/查询"组合框中选择 student 表，在"可用字段"列表中，分别双击 s_id、s_name 字段，将其添加到"选定字段"一栏中。在"表/查询"文本框中再选择 score 表，将 score 字段添加到"选定字段"列表中。同样方法将 course 表中的 c_id、c_name、c_credit、c_period 字段添加到"选定字段"列表中，如图 6-19 所示。

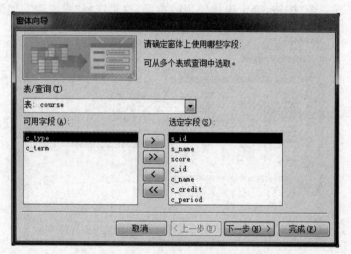

图 6-19　选择多个数据源并添加相应字段

（3）单击"下一步"按钮，确定窗体查看数据的方式。如果选择"通过 course"，则 course 表作为主窗体的数据源，student 表、score 表中的数据作为子窗体中的数据源；如果选择"通过 student"，那么 student 表将作为主窗体的数据源。这里选择"通过 course"，并选中"带有子窗体的窗体"单选按钮，如图 6-20 所示。

（4）单击"下一步"按钮，确定子窗体使用的布局。在布局选择中，可选择"表格"和"数据表"两种，在这里使用默认的"数据表"布局格式。

（5）单击"下一步"按钮，确定窗体及子窗体的标题，如图 6-21 所示。单击"完成"按钮，这时会在屏幕上打开创建完成的主/子窗体，如图 6-22 所示。

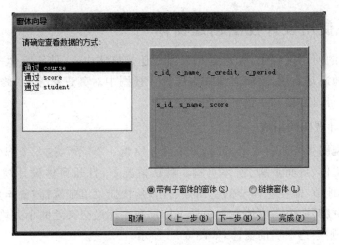

图 6-20 确定查看数据的方式

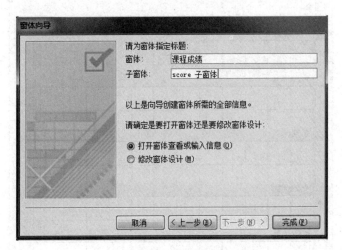

图 6-21 确定窗体及子窗体标题

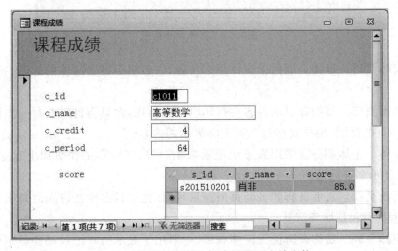

图 6-22 使用窗体向导创建的课程成绩窗体

6.2.6　使用设计视图创建窗体

在 Access 的使用过程中,无论是布局格式还是窗体内容,使用窗体向导所生成的窗体都不能很好地满足需求,这就需要在窗体设计视图中对其进行修改、修饰,以达到满意的效果,同时也可以直接利用设计视图创建窗体。

1. 窗体设计视图的组成

窗体设计视图主要包含 5 个部分,每个部分称为一个"节",这 5 个部分分别是窗体页眉、页面页眉、主体、页面页脚、窗体页脚。默认情况下,打开窗体设计视图,仅显示主体节,若要显示其他节,需在主体节的空白处右击,从快捷菜单中选择"窗体页眉/页脚"命令或"页面页眉/页脚"命令。窗体左上角处上标尺和左标尺交叉处的小方块称为"窗体选择器",单击此处,则会选中当前窗体,如图 6-23 所示。

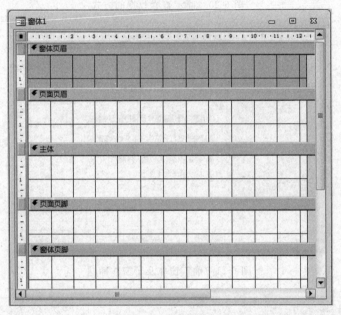

图 6-23　窗体设计视图

(1) 窗体页眉。窗体页眉位于窗体顶部位置,一般用于设置窗体的标题、窗体的使用说明等。

(2) 页面页眉。页面页眉的内容在打印时才会出现,而且会打印在每一页的顶端,用来显示每一页的标题、用户要在每一页上方显示的内容。

(3) 主体。主体部分通常用来显示记录数据,可以在屏幕工作页面上只显示一条记录,也可以显示多条记录。

(4) 页面页脚。页面页脚和页面页眉前后相对,也是只出现在打印时每页的底部,通常用来显示页码和日期等信息。

(5) 窗体页脚。窗体页脚位于窗体底部,一般用于显示所有记录都要显示的内容,如命令的操作说明等信息,也可以设置命令按钮。

2. 窗体设计工具选项卡

打开窗体"设计视图"后,会出现"窗体设计工具"选项卡。此选项卡包含3个子选项卡,分别是"设计""排列""格式",如图6-24所示。

图6-24 窗体设计工具栏

(1)"设计"选项卡。"设计"选项卡提供了窗体设计时的主要工具,包含"视图""主题""控件""页眉/页脚"和"工具"5个命令组。

(2)"排列"选项卡。"排列"选项卡用于设计窗体及控件的布局,包含"表""行和列""合并/拆分""移动""位置"和"调整大小和排序"6个命令组。

(3)"格式"选项卡。"格式"选项卡用于设计窗体、控件的字体、背景等格式,包含"所选内容""字体""数字""背景"和"控件格式"5个命令组。

3. 字段列表

通常情况下,窗体都是基于某一个表或查询建立起来的,从而窗体内的控件要显示的也就是表或查询中的字段值。在创建窗体过程中需要某一字段时,可选择"设计"选项卡下"工具"命令组中的"添加现有字段"命令打开"字段列表"窗口。操作时,只需要将字段拖动至窗体内,窗体中就会自动创建一个标签和文本框与此字段相关联。

4. 窗体的设计

在设计视图中创建窗体的基本步骤如下:

(1)打开窗体设计视图。

(2)为窗体设定数据源。

(3)添加用于数据显示和维护的控件。

(4)设置窗体和控件的属性。

(5)查看窗体的效果。

(6)保存窗体。

【例6.7】 在StudentManage数据库中使用窗体设计视图创建"学生基本信息登记表"窗体。

操作步骤如下:

(1)打开StudentManage数据库,选择"创建"选项卡的"窗体"组,单击"窗体设计"按钮,打开窗体设计视图。

(2)选择"窗体设计工具/设计"选项卡的"工具"组,选择"属性表"命令,打开"属性表"窗口,设置窗体的记录源为student表。

(3)选择"窗体设计工具/设计"选项卡的"工具"组,选择"添加现有字段"命令,打开

"字段列表"窗口,显示可用于此视图的字段,如图 6-25 所示。从字段列表中依次将 s_id、s_name、s_sex、s_birthday、s_major、s_nativeplace 字段拖动到窗体主体节的适当位置。

图 6-25 "字段列表"窗口

对于这里的每个字段都会有一个标签和一个文本框与之关联。标签显示字段名,文本框显示字段值。

(4) 单击标签或文本框,当鼠标变为四向箭头时即可拖动控件到合适的位置。如果要单独移动标签或文本框的位置,应将鼠标指针放在控件左上角的移动控制柄上■,当鼠标变为四向箭头时即可实现单独移动。按住 Ctrl 键或 Shift 键再分别单击控件或通过框选的方式可选择多个控件。选择完控件后,选择"窗体设计工具/排列"选项卡的"调整大小和排序"组,单击"对齐"按钮可以对齐控件,单击"大小/空格"按钮可以调整控件的大小与间距。

(5) 设置完成后,若要观察窗体的实际效果,可选择"设计"选项卡或"开始"选项卡下的"视图"按钮,切换到"窗体视图"。若不满意,可以再切换到设计视图进行修改。

(6) 单击快速访问工具栏中的"保存"按钮,保存窗体,名为"学生基本信息登记表"。设计完成后的窗体如图 6-26 所示。

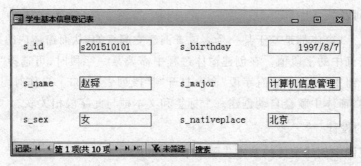

图 6-26 "学生基本信息登记表"窗体

6.2.7 窗体的属性

窗体与窗体中的每个控件都具有各自的属性,属性决定了窗体与控件的特性。

1. "属性表"窗口

在窗体设计视图中,选择"窗体设计工具/设计"选项卡的"工具"组,单击"属性表"按钮,可打开"属性表"窗口,该窗口由标题栏、下拉列表、选项卡和属性列表组成,如图 6-27 所示。

1) 标题栏

标题栏用于显示当前选定对象的类型。

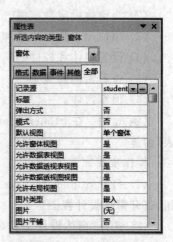

图 6-27 "属性表"窗口

2）下拉列表

下拉列表位于属性表窗口的左上方，包含当前窗体本身和窗体上所有的控件对象。从中可以选择要设置属性的对象，也可以直接在窗体上选中对象，下拉列表框中将显示被选中对象的控件名称。

3）选项卡

属性表窗口包含 5 个选项卡，分别是"格式""数据""事件""其他"和"全部"。

（1）"格式"选项卡包含窗体或控件的外观属性。

（2）"数据"选项卡包含与数据源、数据操作相关的属性。

（3）"事件"选项卡包含窗体或当前控件能够响应的事件。

（4）"其他"选项卡包含"名称""标签"等其他属性信息。

（5）"全部"选项卡包含前四项全部的属性和事件。

4）属性列表

属性列表包含属性名称和属性值两部分，左侧是属性名称，右侧是属性值。设置属性值的方法如下：

（1）选择要设置的属性，在属性框中直接输入属性值或表达式。

（2）如果属性框中显示有下拉菜单，可以单击该按钮从下拉菜单中选择一个数值。

（3）如果属性框右侧显示"生成器"按钮，单击该按钮，将弹出一个生成器或显示一个可以选择生成器的对话框，通过该生成器可以设置其属性。

2. 窗体常用的格式属性

格式属性用于设置窗体和控件的显示格式和外观，这些属性可以在属性表窗口的"格式"选项卡中设置。窗体常用的格式属性如下。

（1）标题：在窗体标题栏上显示的内容。

（2）默认视图：窗体的显示形式。

（3）图片：将一张图片设置为窗体的背景。

（4）自动居中：使窗体显示时自动居中。

（5）滚动条：设置窗体中是否显示滚动条。

（6）边框样式：设置窗体的边框显示样式，有"无""细边框""可调边框""对话框边框"4 个选项。

（7）记录选择器：设置窗体运行时是否显示最左侧的记录选择器。

（8）导航按钮：设置窗体运行时是否显示最下方的导航按钮。

3. 窗体常用的数据属性

数据属性在属性表窗口的"数据"选项卡中进行设置。窗体常用的数据属性如下。

（1）记录源：指定窗体的数据源，可以是表或查询。

（2）筛选：对窗体中显示的数据设置筛选条件。

（3）排序依据：对窗体中显示的数据设置排序依据与排序方式。

（4）数据输入：其值为"是"时，打开窗体时显示一条空记录；其值为"否"时，打开窗体时显示已有数据。

（5）允许添加、允许删除、允许编辑：分别指定窗体运行时是否允许进行添加、删除或编辑操作。

【例6.8】　对例6.7所创建的"学生基本信息登记表"窗体设置窗体属性，窗体标题设置为"学生登记表"，窗体自动居中，不显示记录选择器，为窗体添加背景图片，设置窗体的筛选条件为性别＝"男"，按出生日期降序排列。

操作步骤如下：

（1）在设计视图中打开"学生基本信息登记表"窗体，选择"窗体设计工具/设计"选项卡的"工具"组，单击"属性表"按钮，打开"属性表"窗口。

（2）在"属性表"窗口的下拉列表中选择"窗体"，在"格式"选项卡中设置标题为"学生登记表"，自动居中为"是"，记录选择器为"否"，单击图片后的▣按钮，选择一张图片，在图片缩放模式后的下拉列表中选择"拉伸"。

（3）在"数据"选项卡中设置"筛选"为 s_sex＝"男"，"排序依据"设置为 s_birthday desc，如图6-28所示。

图6-28　"数据"选项卡

（4）选择"设计"选项卡或"开始"选项卡下的"视图"按钮，切换到"窗体视图"，此时显示的数据并没有进行筛选。选择"开始"选项卡的"排序和筛选"组，选择"高级"命令，选择"应用筛选/排序"项，此时窗体中显示的记录是经过筛选与排序后的数据，如图6-29所示。

图6-29　设置了窗体属性的"学生基本信息登记表"窗体

6.3　窗体的常用控件

Access 窗体中的每一个控件都是一个独立的对象，是构成窗体的基本元素，其功能主要用于显示数据和执行操作。用户可以通过单击选择控件，可以用鼠标拖动调整控件的大小和位置，对于不需要的控件可以使用 Delete 键删除。

6.3.1　标签

标签用于显示说明性文字。标签的使用可分为两种：一种为独立标签；另一种为关联标签。使用标签控件创建的就是独立标签，附加在其他控件（通常是文本框、组合框和列表框）上的标签称为关联标签，如"学生基本信息登记表"窗体上的每个文本框控件都有一个与之关联的标签控件。默认情况下，当把文本框、组合框或列表框放置到窗体上时，它们都带有一个与之关联的标签控件。

6.3.2　文本框

文本框是一种交互式控件，主要用于显示、输入与编辑数据。文本框分为绑定型、非绑定型与计算型三种类型。绑定型文本框与表或查询中的字段相关联，用于显示、输入或更新字段的值。非绑定型文本框不与字段相关联，主要用于显示信息或接收用户输入的数据。计算型文本框以表达式作为数据源，显示计算的结果。

文本框控件的常用数据属性如下所述。

（1）控件来源：指定一个字段或表达式作为数据源。绑定型文本框的控件来源是一个字段名，控件中显示的就是数据表中该字段的值，对窗体中的数据进行的任何修改都将被写入字段中。计算型文本框的控件来源是一个以"＝"开头的表达式，控件中显示计算的结果。非绑定型文本框不需要指定控件来源。

（2）输入掩码：指定控件的输入格式，该属性仅对文本型或日期型数据有效。

（3）有效性规则：设置在控件中输入数据时进行合法性检查的表达式，该表达式可以利用表达式生成器向导建立。

（4）有效性文本：指定当前输入的数据不符合有效性规则时显示的提示信息。

（5）默认值：指定计算型控件或非绑定型控件的初始值，可以利用表达式生成器向导建立。

（6）可用：指定切换到"窗体视图"后控件是否有效。如果设置为"否"，则该控件在"窗体视图"中显示为灰色，不能用 Tab 键选中它或单击它。

（7）是否锁定：指定切换到"窗体视图"后是否允许对控件中的数据进行更改，如果设置为"是"，则不允许更改。

【例 6.9】　在"学生基本信息登记表"窗体的窗体页眉中添加标签，输入窗体标题，并设置标签属性。在窗体页脚中添加文本框，显示总人数，并设置为锁定。

操作步骤如下：

（1）在设计视图中打开"学生基本信息登记表"窗体，在主体节的空白处右击，从快捷菜单中选择"窗体页眉/页脚"命令。

（2）选择"窗体设计工具/设计"选项卡的"控件"组，单击"标签"按钮 *Aa*，在窗体页眉节单击输入"学生基本信息登记表"，单击"控件"组中的"选择"工具，将标签移动到合适的位置。

（3）打开"属性表"窗口，在"属性表"窗口的"格式"选项卡中设置标签的字体名称、字号、字体粗细、背景色、特殊效果属性，在"其他"选项卡中设置标签的名称属性为"标题"。

选择"窗体设计工具/排列"选项卡的"调整大小和排序"组,单击"大小/空格"按钮,从中选择"正好容纳"选项。

(4)单击"控件"组中的"文本框"按钮**abl**,在窗体页脚节单击,如果"控件"组中的"使用控件向导"按钮处于选中状态,将会弹出"文本框向导"对话框。将文本框附加标签的"标题"属性设置为"总人数",并设置格式属性。在文本框的"数据"选项卡中设置"控件来源"属性为=count([s_id]),"是否锁定"为"是",调整文本框的大小。

(5)将鼠标分别移至主体节和窗体页脚节,拖动鼠标,调整各节的大小。

(6)保存窗体,切换到窗体视图,结果如图 6-30 所示。

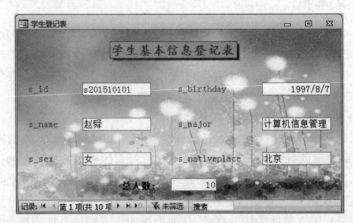

图 6-30 添加标签与文本框控件后的窗体

6.3.3 复选框、选项按钮和切换按钮

复选框、选项按钮、切换按钮三个控件的功能相似,都可以表示两种状态,常用于显示表或查询中的"是/否"型数据。当选中或按下控件时,表示"是"状态,否则显示"否"状态。

【例 6.10】 在"学生基本信息登记表"窗体中用复选框控件显示"是否党员"字段。

操作步骤如下:

(1)在设计视图中打开"学生基本信息登记表"窗体,单击"控件"组中的"复选框"按钮,然后在窗体主体节的适当位置单击,添加复选框控件。

(2)选中复选框控件,在"属性表"窗口的"数据"选项卡中设置控件来源为 s_mccp。将标签控件的标题属性设置为"是否党员"。调整复选框和标签的位置。

(3)保存窗体,切换到窗体视图,结果如图 6-31 所示。

6.3.4 组合框和列表框

如果在窗体上输入的数据总是取自某一数据列表中的值,就可以使用组合框控件或列表框控件。这样设计可以避免人工输入出现的错误,同时还可以有效提高数据输入的速度。列表框显示为一个列表,用户可以从中选择数据,但不能输入数据。组合框相当于文本框与列表框的组合,既可以选择数据也可以输入数据。

【例 6.11】 在"学生基本信息登记表"窗体中,将"专业"字段改为用组合框来显示,

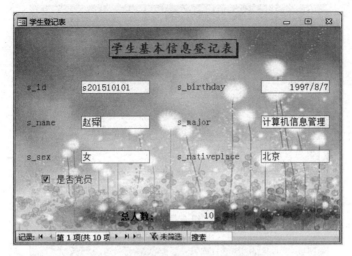

图 6-31　添加复选框控件后的窗体

下拉列表中显示值"计算机信息管理""电子商务""软件工程""市场营销"。

操作步骤如下：

（1）在设计视图中打开"学生基本信息登记表"窗体，选中窗体中与 s_major 字段绑定的文本框与标签控件，按 Delete 键删除。

（2）确保"使用控件向导"按钮呈选中状态，单击"控件"组中的"组合框"按钮，然后在窗体适当位置单击，在弹出的"组合框向导"对话框中选择"自行键入所需的值"选项，如图 6-32 所示。

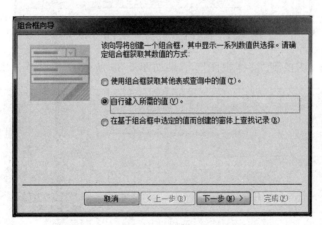

图 6-32　确定组合框获取数值的方式

（3）单击"下一步"按钮，输入列表框中显示的值，如图 6-33 所示。

（4）单击"下一步"按钮，选择"将该数值保存在这个字段中"，在后面的组合框中选择 s_major，如图 6-34 所示。

（5）单击"下一步"按钮，输入 s_major 作为组合框的标签，单击"完成"按钮完成组合框设置。

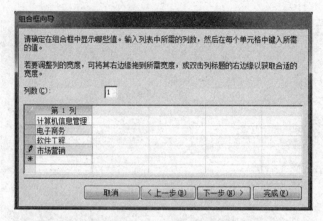

图 6-33　组合框中显示的值

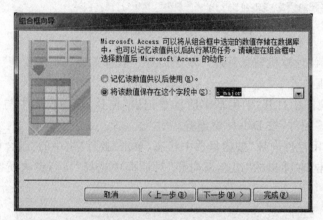

图 6-34　将数值保存到 s_major 字段中

（6）保存窗体，切换到"窗体视图"，结果如图 6-35 所示。

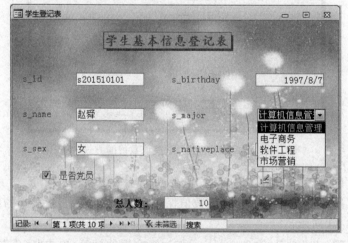

图 6-35　添加组合框控件后的窗体

6.3.5 命令按钮

命令按钮是接收指令、控制程序流程的主要控件之一,它代表一个或一组操作,例如,"确定""取消""追加记录"等,因此,命令按钮必须具有对事件进行处理的能力。命令按钮的功能可以由宏或 VBA 代码来完成,利用"命令按钮向导"可以在不编写任何代码的情况下,按照系统引导快速实现功能强大的人机交互。

【例 6.12】 为"学生成绩"窗体添加记录导航和记录操作命令按钮。

操作步骤如下:

(1)在设计视图中打开"学生成绩"窗体,调整组合框控件和文本框控件的宽度。

(2)确保"使用控件向导"按钮呈选中状态,选择"控件"组中的"按钮",然后在窗体主体节的适当位置单击,弹出"命令按钮向导"对话框。在"类别"列表中选择"记录导航"选项,在"操作"列表中选择"转至第一项记录"选项,如图 6-36 所示。

图 6-36 选择"记录导航"类别

(3)单击"下一步"按钮,选择"图片"选项,在其后的列表框中选择"移至第一项",如图 6-37 所示,单击"下一步"按钮,可为按钮指定名称,单击"完成"按钮。

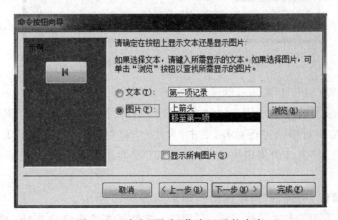

图 6-37 确定"图片"作为显示的内容

（4）重复步骤（2）和步骤（3），创建"移至前一项记录""移至下一项记录"和"移至最后一项记录"按钮。

（5）选择"按钮"控件，在窗体主体节的适当位置单击，在弹出的"命令按钮向导"对话框的"类别"列表中选择"记录操作"选项，在"操作"列表中选择"添加新记录"选项，如图 6-38 所示。

图 6-38　选择"记录操作"类别

（6）单击"下一步"按钮，选择"文本"选项按钮，在其后的文本框中输入"添加记录"，如图 6-39 所示，单击"下一步"按钮，可为按钮指定名称，单击"完成"按钮。

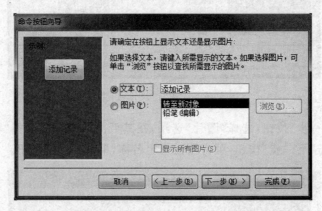

图 6-39　确定"文本"作为显示的内容

（7）重复步骤（5）和步骤（6），创建"删除记录"按钮。

（8）选中已添加的命令按钮，选择"窗体设计工具/排列"选项卡的"调整大小和排序"组，单击"对齐"按钮对按钮进行对齐，单击"大小/空格"按钮调整按钮的大小和间距。

（9）在"属性表"窗口中将窗体的"导航按钮"属性设置为"否"，"记录选择器"属性设置为"否"。

（10）保存窗体，切换到"窗体视图"，结果如图 6-40 所示。

【例 6.13】　创建"学生管理主界面"窗体，添加窗体操作命令按钮，单击按钮实现相应窗体的打开与关闭操作，效果如图 6-41 所示。

图 6-40 添加按钮控件后的窗体

图 6-41 "学生管理主界面"窗体

操作步骤如下：

（1）选择"创建"选项卡的"窗体"组，单击"窗体设计"按钮，打开窗体设计视图。

（2）确保"使用控件向导"按钮呈选中状态，单击"控件"组中的"按钮"，然后在窗体主体节的适当位置单击，弹出"命令按钮向导"对话框。在"类别"列表中选择"窗体操作"选项，在"操作"列表中选择"打开窗体"选项。

（3）单击"下一步"按钮，选择"学生基本信息登记表"窗体作为按钮打开的窗体，单击"下一步"按钮，选择"打开窗体并显示所有记录"选项。

（4）单击"下一步"按钮，选择"文本"选项，在其后的文本框中输入"学生基本信息"，单击"下一步"按钮，可为按钮指定名称，单击"完成"按钮。

（5）重复步骤（2）～（4），创建打开"学生成绩"窗体的按钮和执行"关闭窗体"操作的按钮。

（6）选中已添加的命令按钮，调整按钮的大小、间距与对齐方式，并设置窗体的属性。

（7）保存窗体，命名为"学生管理主界面"。

6.3.6　选项卡

因需求不同或当窗体中的内容较多无法在一页中全部显示时,可以使用选项卡控件进行分页显示。操作时只需要单击选项卡上的标签,就可以在多个页面间进行切换。

6.3.7　图像

图像控件可用于在窗体中添加图像,达到美化窗体的目的。

【例 6.14】　创建"系统登录"窗体,窗体包含"学生登录"和"教师登录"两部分,选择"学生登录"后,输入用户名和密码可打开"学生基本信息登记表"窗体,选择"教师登录"后,输入用户名和密码可打开"学生管理主界面"窗体。

操作步骤如下:

(1)选择"创建"选项卡的"窗体"组,单击"窗体设计"按钮,打开窗体设计视图。

(2)单击"控件"组中的"选项卡"按钮,在窗体主体节的适当位置单击,添加选项卡控件。

(3)选择选项卡"页1",在"属性表"窗口中的"格式"选项卡中,设置"标题"为"学生登录"。同样,将"页2"的"标题"设置为"教师登录",如图 6-42 所示。

图 6-42　设置选项卡的页标题

(4)选择选项卡"学生登录",单击"控件"组中的"图像"按钮,在"学生登录"页中拖动鼠标确定图像显示的位置与大小,在弹出的"插入图片"对话框中选择要插入的图片,单击"确定"按钮。

(5)在"学生登录"页中添加两个文本框和两个命令按钮,在"属性表"窗口中,分别设置文本框的名称为"user1""pw1",选择"pw1"文本框,在"属性表"窗口的"数据"选项卡中设置输入掩码属性为"密码",如图 6-43 所示。

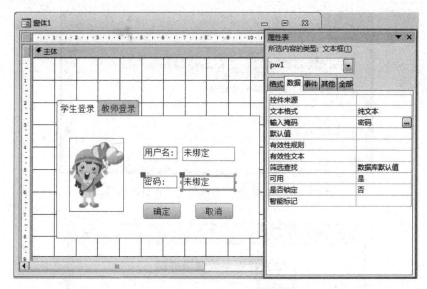

图 6-43 设置文本框的属性

(6)单击"确定"按钮,在"属性表"窗口的"全部"选项卡中将名称属性设置为command1,选择"事件"选项卡,在"单击"事件后的按钮上单击,在弹出的"选择生成器"对话框中选择"代码生成器",单击"确定"按钮,在代码生成器中输入代码。同理,设置"取消"按钮的名称属性为 command2,在"单击"事件中选择"代码生成器",输入相应代码。"确定"按钮和"取消"按钮的单击事件代码如图 6-44 所示。

图 6-44 "学生登录"页按钮的单击事件代码

(7)复制"学生登录"页中的所有控件,粘贴到"教师登录"页中,在"属性表"窗口中,将文本框的名称分别修改为 user2、pw2,将按钮的名称分别修改为 command3、command4,分别修改按钮的单击事件代码,如图 6-45 所示。

(8)在窗体中添加标签控件,显示标题"学生管理系统登录界面"。在"属性表"窗口中设置窗体的属性。保存窗体,命名为"系统登录",切换到"窗体视图",结果如图 6-46所示。

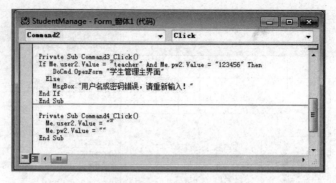

图 6-45 "教师登录"页按钮的单击事件代码

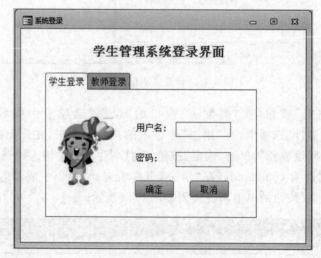

图 6-46 "系统登录"窗体

6.4 设置自动启动窗体

通过设置自动启动窗体,可以在打开数据库时自动打开所设置的启动窗体,自动启动的窗体通常是数据库应用系统的主控窗体,通过它可以完成数据库应用系统的所有功能。

【例 6.15】 设置 StudentManage 数据库的自动启动窗体为"系统登录"窗体。

操作步骤如下:

(1) 打开 StudentManage 数据库,选择"文件"选项卡中的"选项"命令,打开"Access 选项"对话框,在左侧选择"当前数据库"选项,在右侧的"应用程序选项"下的"显示窗体"中选择"系统登录"窗体,在"应用程序标题"文本框中输入标题"学生管理系统",如图 6-47 所示。

(2) 在右侧的"导航"下取消"显示导航窗格"复选框的勾选,在"功能区和工具栏选项"下取消"允许全部菜单""允许默认快捷菜单"复选框的勾选,如图 6-48 所示。单击"确定"按钮,完成自动启动窗体的设置。

图 6-47 设置显示的窗体及标题

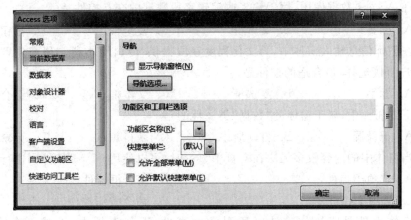

图 6-48 设置导航、功能区和工具栏选项

当重新打开 StudentManage 数据库时,将自动启动"系统登录"窗体。如果要取消自动启动窗体的设置,可选择"文件"选项卡中的"个人信息选项"命令,重新打开"Access 选项"对话框,取消显示窗体的设置,并重新勾选导航、功能区和工具栏选项下的复选框即可。

本章小结

本章主要讲解了窗体的基本操作,包括窗体的创建和设置、主要窗体控件的作用及其使用方法等内容。

- 窗体是 Access 数据库的对象之一,是用户和数据库应用系统进行人机交互的界面。

- 窗体的功能主要体现在：数据的输入与编辑、信息显示和数据打印、应用程序流程控制。
- 窗体分为多种类型，包括纵栏式窗体、表格式窗体、数据表窗体、数据透视表窗体、数据透视图窗体等。
- 创建窗体的方法主要有三种：自动创建窗体、使用向导创建窗体、使用窗体设计视图创建窗体。
- 通常是在自动创建窗体或使用向导创建窗体的大体框架基础上，再通过窗体设计视图进行窗体的布局和属性的调整。
- 窗体设计视图主要包含 5 个节：窗体页眉、页面页眉、主体、页面页脚、窗体页脚。
- 窗体的常用控件有标签、文本框、复选框、组合框、列表框、命令按钮、选项卡等。

思考与习题

1. 选择题

(1) 在 Access 数据库中，用于输入或编辑字段数据的交互控件是（　　）。

　　A. 标签　　　　　　　B. 文本框　　　　　　C. 复选框　　　　　　D. 按钮

(2) 在教师信息输入窗体中，为文化程度字段提供"专科""本科""研究生""博士"等选项供用户直接选择，最合适的控件是（　　）。

　　A. 标签　　　　　　　B. 复选框　　　　　　C. 文本框　　　　　　D. 组合框

(3) 下列属性中，属于窗体的"数据"类属性的是（　　）。

　　A. 记录源　　　　　　B. 自动居中　　　　　C. 获得焦点　　　　　D. 记录选择器

(4) 当窗体中的内容较多无法在一页中显示时，可以使用（　　）控件来进行分页。

　　A. 选项组控件　　　　　　　　　　　　　B. 组合框控件

　　C. 选项卡控件　　　　　　　　　　　　　D. 命令按钮控件

(5) 窗体事件是指操作窗体时所引发的事件，下列事件中，不属于窗体事件的是（　　）。

　　A. 打开　　　　　　　B. 关闭　　　　　　　C. 加载　　　　　　　D. 取消

(6) 如果要设置窗体的标题栏文字，应设置窗体的（　　）属性。

　　A. 标题　　　　　　　B. 标签　　　　　　　C. 名称　　　　　　　D. 记录源

(7) 要设置窗体上文本框控件的输出内容，应设置文本框的（　　）属性。

　　A. 查询条件　　　　　B. 标题　　　　　　　C. 控件来源　　　　　D. 记录源

(8) 使用（　　）创建的窗体灵活性最小。

　　A. 窗体设计视图　　　B. 自动创建窗体　　　C. 窗体向导　　　　　D. 都一样

(9) （　　）节中的内容打印时显示在每页的顶部。

　　A. 主体　　　　　　　B. 窗体页眉　　　　　C. 页面页眉　　　　　D. 控件页眉

(10) 若要使文本框中输入的内容显示为"＊"号，应设置文本框控件的（　　）属性。

　　A. 输入掩码　　　　　B. 默认值　　　　　　C. 文本格式　　　　　D. 有效性规则

2. 填空题

（1）窗体的数据来源主要包括表和＿＿＿＿＿＿＿。

（2）窗体由多个部分组成，每个部分称为一个＿＿＿＿＿＿＿，默认情况下仅显示＿＿＿＿＿＿＿节，＿＿＿＿＿＿＿节位于窗体顶部位置，一般用于设置窗体的标题、窗体使用说明等。

（3）标签控件中的＿＿＿＿＿＿＿属性值将成为控件中显示的文字信息。

（4）组合框和列表框都可以从列表中选择值，但＿＿＿＿＿＿＿占用空间较多，且仅能选择，不能自由输入。＿＿＿＿＿＿＿既可以选择，也可以输入。

（5）"属性表"窗口包括的选项卡有 ＿＿＿＿＿＿＿、＿＿＿＿＿＿＿、＿＿＿＿＿＿＿、＿＿＿＿＿＿＿、＿＿＿＿＿＿＿。

3. 思考题

（1）说明窗体的主要功能。

（2）陈述窗体向导有什么优点。

（3）窗体的节有几种？默认显示哪几个节？如何显示其他的节？

（4）窗体怎样设定数据源？

（5）什么是控件？常用的控件有哪些？请分别陈述其作用。

（6）自动启动窗体的作用是什么？如何设置自动启动窗体？

4. 操作题

打开 ProductManage 数据库，完成以下窗体的设计。

（1）以 product 数据表为数据源，自动创建"商品信息"窗体，显示所有字段。

（2）以 supplier、detail、supermarket 数据表为数据源，利用向导创建主/子窗体"供应信息"，显示供应商的编号、名称、电话、地址、E-mail，以及商品编号、超市编号、超市名称、超市规模、商品数量。

（3）利用窗体设计视图创建"主界面"窗体，通过按钮能够实现打开"商品信息"窗体、"供应信息"窗体以及关闭窗体的功能。

（4）分别在"商品信息"窗体、"供应信息"窗体、"主界面"窗体中，设计显示标题，内容和样式自行定义，并设置窗体的风格，可自行选择背景或主题。

（5）创建"商品管理系统登录界面"窗体，通过正确的用户名与密码，可以打开"主界面"窗体，并设置"商品管理系统登录界面"窗体为 ProductManage 数据库的自动启动窗体。

第7章

报 表

 情景导入

报表是 Access 数据库中的重要对象之一,主要用于数据的打印输出。使用报表可对数据库中的数据进行整理,如分组、排序、汇总,还可以插入图形、图像等,将数据以特定的格式进行显示或打印。

本章主要介绍报表的概念、报表的创建与编辑方法以及报表的打印。

7.1 报表简介

打印输出是一个数据库应用系统所应具有的基本功能,在 Access 数据库中是通过报表对象来实现的。报表的主要作用是从表或查询中获取数据,再将这些数据以一定的格式进行输出,通过打印预览功能预览报表产生的结果。要在报表中控制数据的输出格式,可以将数据分类,以分组的形式显示数据,还可以配合排序、总计、计算平均与其他统计功能进行汇总,或以图表来丰富报表的内容。

对比报表和窗体的功能发现:二者都可以显示数据,只是窗体把数据显示在屏幕上,而报表是把数据打印在纸张上;窗体中的数据既可以查看又可以修改,但报表只能查看数据,不能修改和输入数据。

7.1.1 报表的类型

Access 2010 提供了 3 种主要类型的报表,分别是表格式报表、纵栏式报表和标签报表。

1. 表格式报表

表格式报表是以行和列的形式显示数据,每条记录显示在一行,一页可显示多条记录,各字段的名称通常显示在每一页的上方。表格式报表如图 7-1 所示。

student

s_id	s_name	s_sex	s_birthday	s_mccp	s_enterscore	s_major	s_nativeplace
s2014101(	孙京	男	1996/7/7	☐	502	计算机信息管理	上海
s2015101(	赵舜	女	1997/8/7	☑	516	计算机信息管理	北京
s2015101(	钱伟	男	1996/11/6	☐	466	计算机信息管理	山西
s2015102(	肖非	男	1995/1/2	☑	520	计算机信息管理	云南
s2015102(	李晶晶	女	1995/12/29	☑	410	计算机信息管理	北京
s2015201(	王威	男	1996/5/5	☑	478	电子商务	福建
s2015202(	齐璐璐	女	1996/9/10	☑	500	电子商务	陕西
s2015301(	张东	男	1996/10/2	☐	520	软件工程	山东
s2015404(	冉飞云	女	1995/2/9	☑	482	市场营销	上海
s2015404(	赵舜	男	1997/7/8	☐	511	市场营销	山西

2016年6月2日 共 1 页，第 1 页

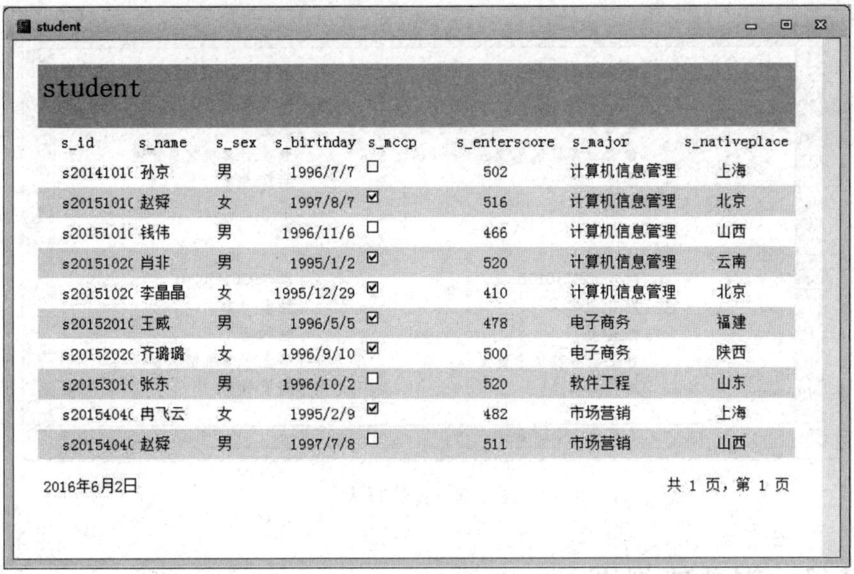

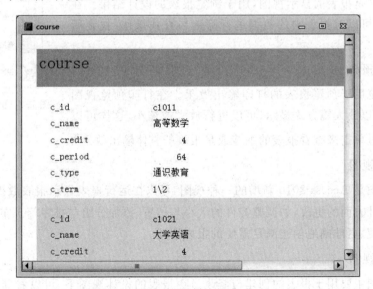

图 7-1 表格式报表

2. 纵栏式报表

纵栏式报表又称为窗体式报表，记录中的各个字段纵向显示，每一个字段显示在一行，左侧显示字段名，右侧显示字段值。纵栏式报表如图 7-2 所示。

图 7-2 纵栏式报表

3. 标签报表

标签报表是一种特殊类型的报表，能将数据以标签形式输出，主要用于制作物品标签、客户标签、信封等，方便邮寄和使用。标签报表如图 7-3 所示。

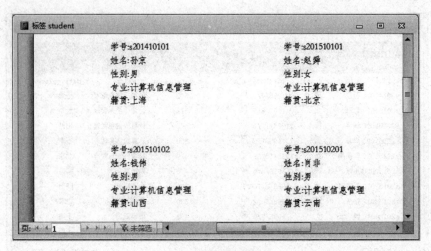

图 7-3   标签报表

7.1.2   报表的视图

Access 2010 提供的报表视图有 4 种,分别是报表视图、打印预览、布局视图和设计视图,如图 7-4 所示。

1. 报表视图

报表视图是报表的显示视图,用于浏览报表的设计结果。在报表视图下,可以对报表中的数据进行筛选与查找操作,找到所需要的数据。

2. 打印预览

打印预览用于预览报表的打印输出效果。在打印预览视图下,鼠标通常以放大镜方式显示,可以进行放大或缩小,这样可以很方便地通过单击来查看报表的细节或是报表的整体输出效果。

图 7-4   报表的视图

3. 布局视图

布局视图是 Access 2010 新增的一种视图,可以在运行报表显示报表数据的同时,对报表进行设计方面的更改,如调整控件的大小与位置、添加分组与排序等。布局视图可以使用户更方便、更准确地创建满足需要的报表格式。

4. 设计视图

设计视图主要用于报表的创建与修改。在报表的设计视图下,可以看到报表的基本结构,并提供多种设计工具,使用报表设计工具可以向报表中添加控件,设置控件的格式、属性与排列方式等,还可以在设计视图下进行报表的页面设置。

7.1.3   报表的组成

报表通常是由报表页眉、页面页眉、组页眉、主体、组页脚、页面页脚和报表页脚 7 个部分组成,每个部分称为一个节,报表是按节来设计的,并且只有在报表设计视图下才能查看到报表的各个节。默认情况下,通过报表设计视图创建报表时会显示页面页眉、页面页脚和主体节,对数据分组时会显示组页眉和组页脚节,报表中的每个节都有特定的作用。按专业进行分组的报表组成如图 7-5 所示。

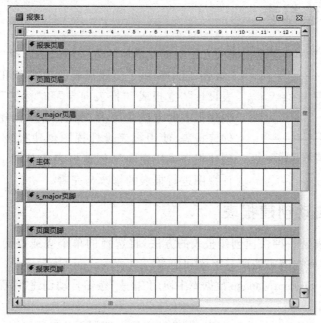

图 7-5 报表的组成

1. 报表页眉

报表页眉中的内容输出时仅在报表的首页显示一次,通常用于放置报表的标题、制作日期与时间、制作人等信息。

2. 页面页眉

页面页眉中的内容输出在报表每一页的顶端,主要用于显示报表中的字段名称,这样当输出数据较多需要分页时,在每一页的顶部都能看到表头,清楚数据的含义。

3. 组页眉

组页眉中的内容输出在报表每组的开始处,通常用于显示每一个分组的名称。

4. 主体

主体节用来定义报表主体,是报表显示数据的主要区域,通常包含与报表记录源中的字段相绑定的控件。

5. 组页脚

组页脚中的内容输出在报表每组的底部,主要用于显示每组的汇总统计信息。

6. 页面页脚

页面页脚中的内容输出在报表每一页的底端,主要用于显示页码、摘要等信息。

7. 报表页脚

报表页脚中的内容输出时仅在报表的最后一页输出一次,通常用于显示整份报表的汇总统计信息。

7.2 创建报表

在 Access 2010 中,创建报表的方法与创建窗体的方法相似。选择"创建"选项卡,在

图 7-6 创建报表的功能按钮

"报表"组中提供了创建报表的功能按钮,包括"报表""报表设计""空报表""报表向导"和"标签",如图 7-6 所示。创建报表的方法主要有三种:自动创建报表、使用向导创建报表、使用报表设计视图创建报表。通常是在自动创建报表或使用向导创建报表的基础上,再通过报表设计视图进行报表的修改与完善。

7.2.1 自动创建报表

自动创建报表是一种快速创建报表的方法,将选择的单个表或查询作为报表的数据源,报表中包含表或查询中的所有字段和记录。

【例 7.1】 在 StudentManage 数据库中使用"报表"按钮自动创建"课程信息"报表。

操作步骤如下:

(1)打开 StudentManage 数据库,在导航窗格中选择作为数据源的 course 表。

(2)选择"创建"选项卡中的"报表"组,单击"报表"按钮,系统自动创建报表,并以布局视图显示,如图 7-7 所示。

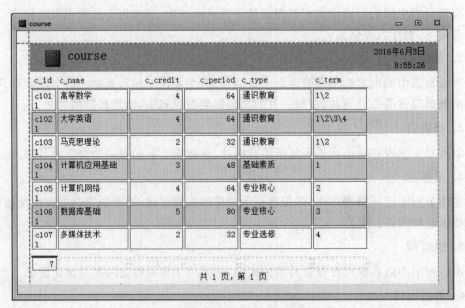

图 7-7 使用"报表"按钮自动创建报表

（3）选择"文件"菜单中的"保存"命令，或单击快速访问工具栏中的"保存"按钮，在"另存为"对话框中输入报表名称"课程信息"，单击"确定"按钮，此时会在导航窗格中添加一个报表对象。

7.2.2 使用向导创建报表

自动创建报表的数据源只能是一个表或查询，且创建的报表中包含数据源中的所有字段。使用报表向导可以在系统引导下快速创建报表，并可以选择多个表或查询作为数据源，从数据源中选择所需要的字段，还可以对字段进行分组、排序、汇总运算以及布局方式的选择等。使用标签向导可以创建标签报表。

1. 使用报表向导创建报表

【例7.2】 使用报表向导创建"学生选课成绩"报表，显示学号、姓名、课程号、课程名与成绩。

操作步骤如下：

（1）打开 StudentManage 数据库，选择"创建"选项卡的"报表"组，单击"报表向导"按钮，打开"报表向导"对话框。

（2）在"表/查询"组合框中选择 student 表，在"可用字段"列表中，分别双击 s_id、s_name 字段，将其添加到"选定字段"一栏中。同样方法，将 course 表中的 c_id、c_name 和 score 表中的 score 字段添加到"选定字段"列表中，如图 7-8 所示，单击"下一步"按钮。

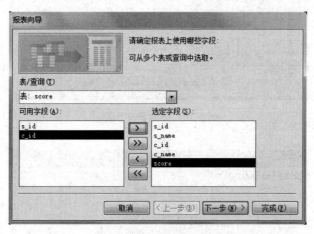

图 7-8 选择多个数据源并添加相应字段

（3）确定报表查看数据的方式，选择"通过 student"，此时 s_id、s_name 将作为分组字段，如图 7-9 所示，单击"下一步"按钮。

（4）确定是否添加分组级别，采用默认设置，单击"下一步"按钮。

（5）选择记录的排序次序与汇总信息，这里选择按 score 字段降序排序，如图 7-10 所示，单击"下一步"按钮。

（6）确定报表的布局方式，这里使用默认的"递阶"布局，纸张"纵向"放置，如图 7-11 所示，单击"下一步"按钮。

图 7-9　确定查看数据的方式

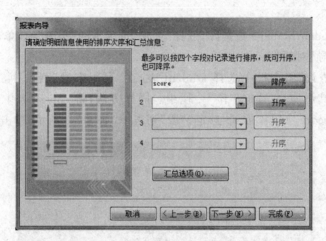

图 7-10　确定排序次序

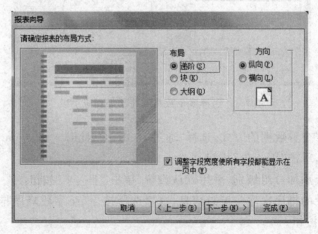

图 7-11　确定布局方式

（7）为报表指定标题"学生选课成绩"，并选择"预览报表"选项，单击"完成"按钮，此时会以"打印预览"方式显示报表，如图 7-12 所示。

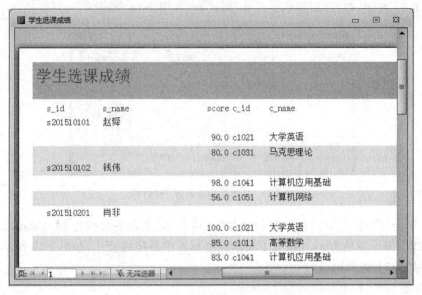

图 7-12 以"打印预览"方式显示报表

如果要打印报表，选择"打印预览"选项卡中"打印"组中的"打印"命令，就可以实现报表的打印。单击"关闭打印预览"按钮，会显示报表的"设计视图"，在"设计视图"下可对报表的内容与格式进行修改。

2. 使用标签向导创建标签报表

【例 7.3】 使用标签向导创建"学生信息标签"，显示学号、姓名、性别、专业与籍贯。

操作步骤如下：

（1）打开 StudentManage 数据库，在导航窗格中选择作为数据源的 student 表，选择"创建"选项卡的"报表"组，单击"标签"按钮，弹出"标签向导"对话框，如图 7-13 所示。

图 7-13 "标签向导"对话框

（2）可以从"按厂商筛选"组合框中找出制造商名称，再从"型号"列表中选择合适的标签尺寸。如果没有合适的标签，也可以选择"自定义"按钮，自行设置标签规格。这里，单击"自定义"按钮，打开"新建标签尺寸"对话框，如图 7-14 所示。

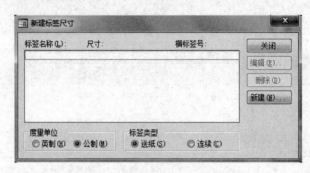

图 7-14　"新建标签尺寸"对话框

（3）单击"新建"按钮，打开"新建标签"对话框，定义标签名称为 MyLabel，设置纸张"横向"放置，横标签号为 3，并按如下要求设置标签中各项的尺寸，如图 7-15 所示。

① 标签与上边界距离为 2.00cm。
② 标签与左、右边界距离为 2.00cm。
③ 标签的垂直高度为 4.00cm。
④ 标签的水平宽度 8.00cm。
⑤ 标签内文字与标签上、下、左、右方的距离为 0.50cm。
⑥ 标签与标签上、下、左、右方垂直距离为 0.50cm。

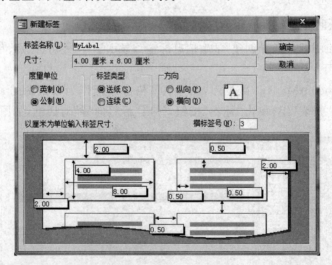

图 7-15　"新建标签"对话框

（4）单击"确定"按钮，在"新建标签尺寸"对话框中单击"关闭"按钮，在"标签向导"对话框中会显示自定义标签的名称、尺寸与横标签号。如果要对自定义的标签进行编辑，可再次单击"自定义"按钮，这里单击"下一步"按钮，如图 7-16 所示。

（5）设置标签中显示文本的外观，如图 7-17 所示，单击"下一步"按钮。

图 7-16 显示自定义标签

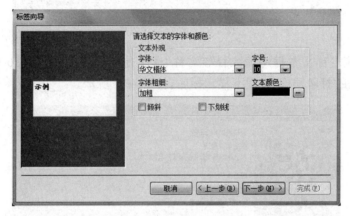

图 7-17 设置文本外观

（6）确定标签中要显示的内容，在"原型标签"列表中输入"学号："，在左侧的"可用字段"列表中双击 s_id，将 s_id 字段添加到"原型标签"列表中，按回车键。同样方法，将 s_name、s_sex、s_major、s_nativeplace 字段添加到"原型标签"列表中，如图 7-18 所示，单击"下一步"按钮。

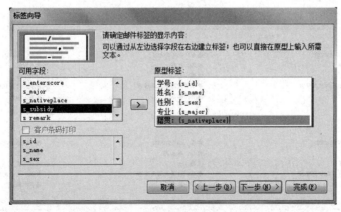

图 7-18 确定标签的显示内容

（7）在"可用字段"列表中双击 s_id 字段，将 s_id 字段作为排序依据，如图 7-19 所示，单击"下一步"按钮。

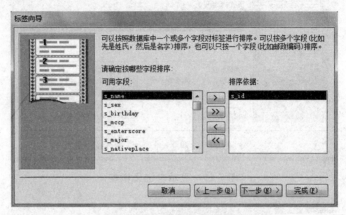

图 7-19　确定排序依据

（8）在报表名称文本框中输入标签名称"学生信息标签"，如图 7-20 所示，单击"完成"按钮，可以在"打印预览"视图下显示标签，如图 7-21 所示。

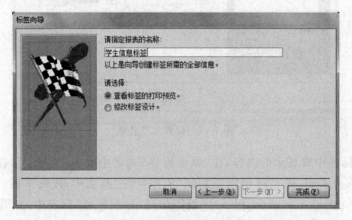

图 7-20　指定标签名称

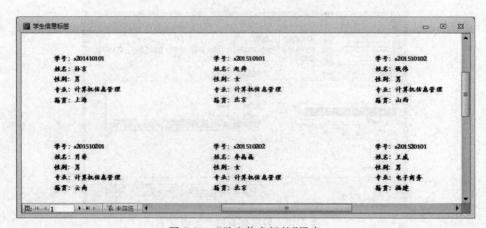

图 7-21　"学生信息标签"报表

7.2.3 使用设计视图创建报表

自动创建报表、使用向导创建报表两种方法可以方便、迅速地完成报表的创建任务，但缺乏灵活性，它的许多参数都是系统自动设置的，这样的报表在某种程度上很难完全满足用户的要求。使用报表设计视图不仅可以灵活地创建报表，还可以对已有的报表进行修改，使其更大程度地满足用户的需求。

使用报表设计视图创建报表的基本步骤如下：

(1) 打开报表设计视图。

(2) 为报表添加数据源。

(3) 向报表中添加控件。

(4) 调整报表布局。

(5) 设置报表和控件的属性。

(6) 保存报表，预览效果。

【例7.4】 使用报表设计视图创建"学生基本情况"报表，显示学号、姓名、性别、入学成绩、专业与籍贯。

操作步骤如下：

(1) 打开 StudentManage 数据库，选择"创建"选项卡的"报表"组，单击"报表设计"按钮，打开报表设计视图。

(2) 选择"报表设计工具/设计"选项卡的"工具"组，选择"属性表"命令，打开"属性表"窗口，设置报表的记录源为 student 表。

(3) 选择"报表设计工具/设计"选项卡的"工具"组，选择"添加现有字段"命令，打开"字段列表"窗口，显示可用于此视图的字段。依次双击字段列表中的 s_id、s_name、s_sex、s_enterscore、s_major、s_nativeplace 字段，在报表的主体节中会显示每个字段对应的标签和文本框，如图 7-22 所示。

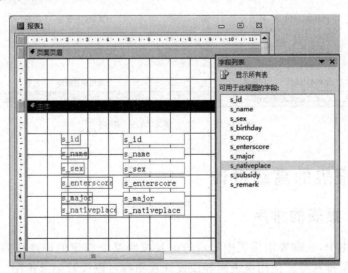

图 7-22 向主体节中添加字段

（4）将标签控件移动到页面页眉节，并将标签控件的"标题"属性修改为中文的字段名称。分别选择页面页眉节和主体节中的所有控件，选择"报表设计工具/排列"选项卡的"调整大小和排序"组，单击"对齐"按钮对齐控件，如图 7-23 所示。

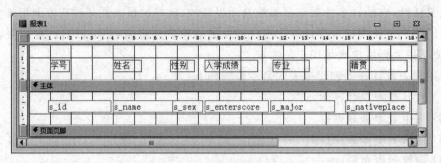

图 7-23　调整报表布局

（5）选择所有控件，在"属性表"窗口中设置前景色为黑色；选择所有文本框控件，在"属性表"窗口中设置边框样式为"透明"；选择 s_enterscore 文本框，在"属性表"窗口中设置文本对齐为"左"。

（6）单击快速访问工具栏中的"保存"按钮，保存报表，名为"学生基本情况"。选择"设计"选项卡或"开始"选项卡下的"视图"按钮，切换到"打印预览"视图下，查看报表的预览效果，如图 7-24 所示。若不满意，单击"关闭打印预览"按钮，回到设计视图进行修改。

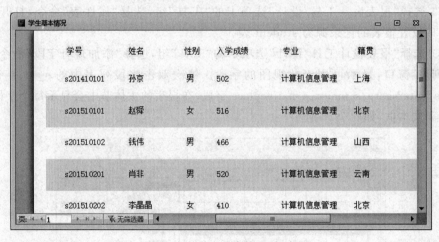

图 7-24　"学生基本情况"报表

7.3　报表的高级设计

7.3.1　报表的排序

在实际应用中，经常要求报表中显示的记录按照某个指定的顺序排列，例如，按照入学成绩从高到低排列等。使用报表向导或设计视图都可以设置记录排序。

排序是依照某些字段或表达式的值来排列报表上数据出现的顺序。通过报表向导最多可以设置 4 个排序字段,并且排序的只能是字段,不能是表达式。在设计视图中,最多可以设置 10 个字段或字段表达式进行排序。

在报表中添加排序的最快方法是在布局视图中打开需要排序的报表,然后右击要排序的字段,从快捷菜单中选择"升序"或"降序"命令即可实现排序;也可以在布局视图或设计视图下,使用"分组、排序和汇总"窗格来添加排序。

【例 7.5】 将"学生基本情况"报表按入学成绩降序排列。

操作步骤如下:

(1) 打开 StudentManage 数据库,在设计视图下打开报表"学生基本情况"。

(2) 选择"报表设计工具/设计"选项卡的"分组和汇总"组,选择"分组和排序"命令,打开"分组、排序和汇总"窗格。单击"添加排序"按钮,选择在其上执行排序的字段 s_enterscore,设置排序方式为"降序",如图 7-25 所示。按此方法可以设置多个排序字段。

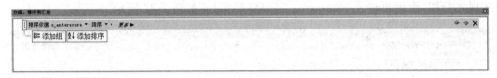

图 7-25 设置排序方式

(3) 保存报表,在"打印预览"视图下显示报表,如图 7-26 所示。

学号	姓名	性别	入学成绩	专业	籍贯
s201530103	张东	男	520	软件工程	山东
s201510201	肖非	男	520	计算机信息管理	云南
s201510101	赵舜	女	516	计算机信息管理	北京
s201540402	赵舜	男	511	市场营销	山西
s201410101	孙京	男	502	计算机信息管理	上海
s201520202	齐璐璐	女	500	电子商务	陕西

图 7-26 按入学成绩降序排列

7.3.2 报表的分组与汇总

分组就是将报表中的数据依据字段值相同作为分组条件,将相同字段值的数据放在同一个组中,每个分组可以进行排序与汇总。

分组有如下两种操作方法。

（1）在报表布局视图中打开需要分组的报表，右击要分组、汇总的字段，然后从快捷菜单中选择分组形式和汇总方式。

（2）在布局视图或设计视图中打开需要分组的报表，在"分组、排序和汇总"窗格中单击"添加组"按钮，选择要在其上执行分组、汇总的字段。在分组行上单击"更多"按钮以设置更多选项和添加汇总。

【**例 7.6**】 将"学生基本情况"报表按专业进行分组，组内的记录按入学成绩降序排列，统计各专业的人数与入学成绩的平均分，以及所有学生的人数。

操作步骤如下：

（1）打开 StudentManage 数据库，在设计视图下打开报表"学生基本情况"。

（2）选择"报表设计工具/设计"选项卡的"分组和汇总"组，选择"分组和排序"命令，打开"分组、排序和汇总"窗格。单击"添加组"按钮，选择分组的字段 s_major。由于例 7.5 中已经设置了排序依据为 s_enterscore 字段，这里单击"分组形式"栏右侧的"上移"按钮，即实现先分组，组内再按 s_enterscore 字段降序排列，如图 7-27 所示。

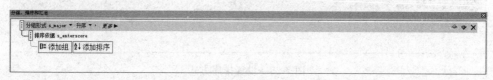

图 7-27　分组与排序设置

（3）单击"分组形式"栏中的"更多"选项，再单击"无汇总"右侧的下拉按钮 ▼，打开汇总列表，如图 7-28 所示，汇总列表中各项的说明如下。

- 汇总方式：选择要汇总的字段。
- 类型：选择要执行的计算方式。
- 显示总计：在报表的结尾（即报表页脚中）添加总计。
- 显示组小计占总计的百分比：组页脚中添加用于计算每个组的小计占总计百分比的控件。
- 在组页眉中显示小计：将汇总数据显示在组页眉中。

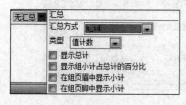

图 7-28　汇总列表

- 在组页脚中显示小计：将汇总数据显示在组页脚中。

这里首先设置汇总方式为 s_id，类型为"记录记数"，选择"显示总计""在组页脚中显示小计"选项。再从汇总方式中选择 s_enterscore，类型为"平均值"，选择"在组页脚中显示小计"选项，如图 7-29 所示。

（4）在报表设计视图中调整报表布局。将页面页眉节中的"专业"标签移动到前面；将 s_major 文本框移动到 s_major 页眉节中；在 s_major 页脚节添加标签"入学成绩平均分：""人数："；选择文本框=Avg([s_enterscore])，在"属性表"窗口中设置格式为"固定"，小数位数为 2；在报表页脚节中添加标签"总人数："，如图 7-30 所示。

图 7-29 按 s_id、s_enterscore 进行汇总

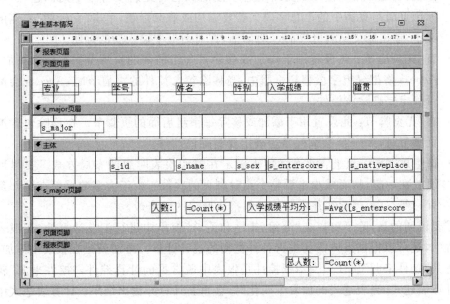

图 7-30 调整报表布局

（5）保存报表，在"打印预览"视图下显示报表，如图 7-31 所示。

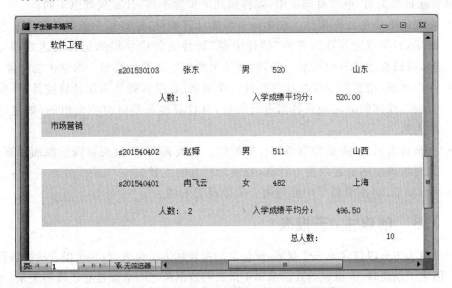

图 7-31 分组汇总后的"学生基本情况"报表

在本例中，"分组、排序和汇总"窗格中有很多其他功能没有用到，在此一并介绍如下。

- 分组间隔：确定记录如何分组在一起。可用选项由分组字段的数据类型决定。例如，根据文本字段的第一个字符进行分组，从而将以 A 开头的所有文本字段分为一组，将以 B 开头的所有文本字段分为另一组，以此类推。对于日期字段，可以按照日、周、月、季度进行分组，也可输入自定义间隔。

- 标题：通过此选项，可以更改汇总字段的标题。此选项可用于列标题，还可用于标记页眉与页脚中的汇总字段。若要添加或修改标题，单击"有标题"右侧的蓝色文本"单击添加"，打开"缩放"对话框，在对话框中输入新的标题。

- 有/无页眉节：此设置用于添加或移除每个组前面的页眉节。在添加页眉节时，Access 将把分组字段移到页眉中，当移除包含控件的页眉节时，Access 会询问是否确定要删除该控件。

- 有/无页脚节：此设置用于添加或移除每个组后面的页脚节。在移除包含控件的页脚节时，Access 会询问是否确定要删除该控件。

- 将组放在同一页上：此设置用于确定在打印报表时组的布局方式。要尽可能将组放在一起，从而减少查看整个组时翻页的次数。由于大多数页面在底部都会留有一些空白，因此往往会增加打印报表所需的纸张数。

需要说明的是，除了可以在"分组、排序和汇总"窗格中进行汇总计算外，在报表的设计过程中，还可以根据具体需要进行各种类型的统计计算。方法就是在报表中添加控件，并设置其"控件来源"属性。文本框控件是报表中最常见的计算控件，"控件来源"属性中输入计算表达式，当表达式的值发生变化时，会重新计算并输出结果。计算表达式中常使用 Sum、Avg、Count、Min、Max 等聚合函数。

在 Access 2010 中利用计算控件进行统计计算时，控件通常放置在主体节、组页眉/组页脚节或报表页眉/报表页脚节中，控件所在的位置不同，计算规则也不同。

- 在主体节添加计算控件。在主体节添加计算控件，是对每一条记录打印一次计算结果，只要设置计算控件的"控件来源"属性为相应字段的运算表达式即可。例如，可以在主体节中添加控件，根据学生的出生日期计算每一名学生的年龄。

- 在组页眉/组页脚节添加计算控件。在组页眉/组页脚节添加计算控件，一般是对报表字段列的纵向记录数据进行统计，且计算结果是针对当前组的，如统计每组的人数。

- 在报表页眉/报表页脚节添加计算控件。在报表页眉/报表页脚节添加计算控件，是对报表中所有记录进行计算，如统计所有的人数。

在页面页眉/页面页脚节中使用聚合函数是无效的。

7.3.3　创建主/子报表

一个报表中可以包含另一个报表，被包含的报表称为子报表，包含子报表的报表称为主报表。创建子报表时，主报表的数据源和子报表的数据源之间必须建立正确的关系，才能确保主报表与子报表的数据相对应。创建主/子报表的方法有两种：一种是在创建完主报表后，在主报表中再创建子报表；另一种是分别创建主、子报表，再将子报表插入主报表中。

【例 7.7】 在例 7.1 中创建的"课程信息"报表中添加"课程选课成绩"子报表,并在子报表中统计每门课程的平均分。

操作步骤如下:

(1) 打开 StudentManage 数据库,在设计视图下打开报表"课程信息",拖动主体节的下边缘来加大主体节的高度。

(2) 选择"报表设计工具/设计"选项卡的"控件"组,确认"使用控件向导"按钮处于按下的状态,单击"子窗体/子报表"按钮,之后鼠标指针将变成一个带小方块的"十"字形,在主体节拖动鼠标指针,绘制出一个供放置子报表的区域,释放鼠标后,将弹出"子报表向导"对话框,如图 7-32 所示。

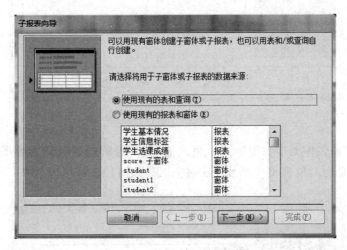

图 7-32 "子报表向导"对话框

(3) 选择"使用现有的表和查询"选项,单击"下一步"按钮。在"表/查询"组合框中分别选择 student 表和 score 表,将 s_id、s_name、c_id 和 score 字段添加到"选定字段"列表框中,如图 7-33 所示,单击"下一步"按钮。

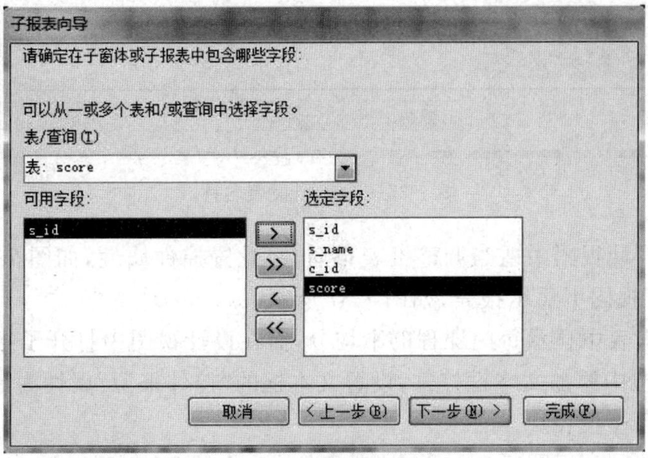

图 7-33 选定字段

（4）确定主报表和子报表的连接字段，采用默认设置，如图 7-34 所示，单击"下一步"按钮。

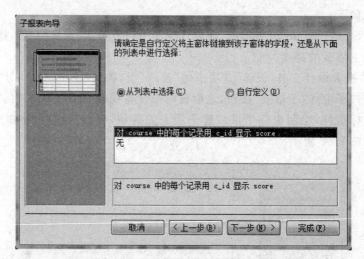

图 7-34　确定主/子报表的连接字段

（5）在子报表名称文本框中输入子报表的名称"课程选课成绩"，如图 7-35 所示，单击"完成"按钮，此时导航窗格中添加一个名为"课程选课成绩"报表对象。

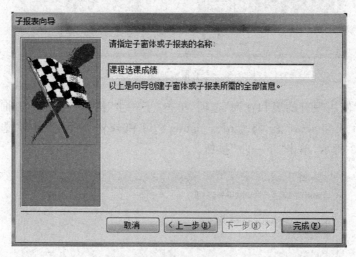

图 7-35　输入子报表名称

（6）在报表设计视图中适当调整报表布局，并设置控件属性，如图 7-36 所示，保存报表，在"打印预览"视图下显示报表，如图 7-37 所示。

（7）要在子报表中显示每门课程的平均分，需在设计视图中打开子报表"课程选课成绩"，在报表页脚节中添加文本框控件，设置文本框的"控件来源"属性为＝Avg（[score]），如图 7-38 所示，保存报表。

（8）在"打印预览"视图下显示报表"课程信息"，如图 7-39 所示。

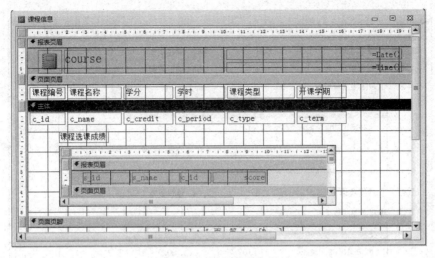

图 7-36 调整报表布局

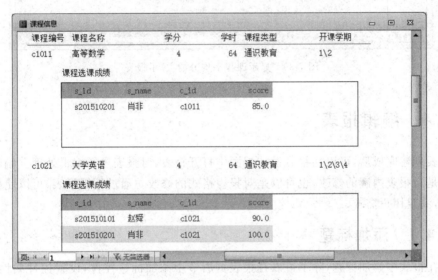

图 7-37 主/子报表预览效果

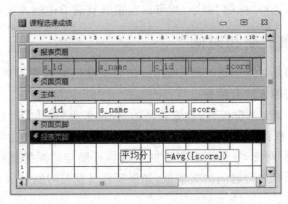

图 7-38 在子报表中添加计算控件

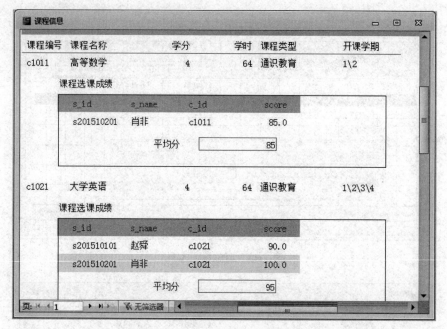

图 7-39　显示课程平均分的主/子报表

7.4　编辑报表

　　报表创建完成后,可以在报表设计视图中打开报表,对报表进行编辑处理。编辑报表既可以是对报表内容的修改,也可以是对报表格式的修改。通过编辑报表,可以使报表更加美观,满足用户需求。

7.4.1　添加标题

　　要在报表中添加标题,除了可以在报表页眉节中添加标签控件,设置控件属性外,还有一种快捷的操作方法。即在报表设计视图中打开报表,选择"报表设计工具/设计"选项卡的"页眉/页脚"组,选择"标题"命令,就可以在报表页眉节中插入报表标题。

7.4.2　添加日期和时间

　　报表的主要作用是对数据进行打印输出,在数据输出时通常需要显示当前日期与时间。添加日期与时间的方法有两种。

　　(1) 在报表中添加文本框控件,设置控件的"控件来源"属性为＝Date()或＝Time()。

　　(2) 在报表设计视图中打开报表,选择"报表设计工具/设计"选项卡的"页眉/页脚"组,选择"日期和时间"命令,在弹出的对话框中选择日期与时间的显示格式,就可以在报表页眉节中添加显示日期与时间的文本框,如果要将日期与时间显示在其他节中,移动文本框控件就可以实现。

7.4.3 添加页码

当报表要输出内容较多,需要分页显示时,最好在报表中添加页码。添加页码的方法有两种。

(1) 在报表中添加文本框控件,在文本框控件的"控件来源"属性中使用 Page 和 Pages 内置变量,Page 表示当前页号,Pages 表示总页数。

(2) 在报表设计视图中打开报表,选择"报表设计工具/设计"选项卡的"页眉/页脚"组,选择"页码"命令,在弹出的对话框中选择页码格式、显示位置与对齐方式,就可以在页面页眉节或页面页脚节中添加显示页码的文本框。

7.4.4 添加图像与线条

在报表中添加图形图像可以使报表更美观,添加线条来分隔节或控件,可以使报表的可读性更强。在报表设计视图中打开报表,选择"报表设计工具/设计"选项卡的"控件"组,选择"图像""直线"或"矩形"命令后,在设计视图相应的节中拖动鼠标即可添加控件,设置控件属性就可以完成图像与线条的设计。

7.4.5 设置报表主题

Access 2010 提供了很多报表主题供用户选择,报表主题格式主要影响报表与报表控件的颜色、字体等属性。应用了报表主题后,也可以在"属性表"窗口中进行修改。设置报表主题的方法是在报表设计视图中打开报表,选择"报表设计工具/设计"选项卡的"主题"组,选择"主题"命令,在打开的主题列表中选择一种主题格式即可。

【例7.8】 在"学生基本情况"报表的报表页眉节中添加标题、日期与时间,在页面页脚节中添加页码,在页面页眉节中添加线条,并设置报表主题。

操作步骤如下:

(1) 打开 StudentManage 数据库,在设计视图下打开报表"学生基本情况"。

(2) 选择"报表设计工具/设计"选项卡的"页眉/页脚"组,选择"标题"命令,在报表页眉节中添加报表标题,调整报表标题的大小与位置,并选择标题右上方的 Auto_DateEmptyCell 控件,如图 7-40 所示。

(3) 选择"报表设计工具/设计"选项卡的"页眉/页脚"组,选择"日期和时间"命令,弹出"日期和时间"对话框,选择日期与时间格式,如图 7-41 所示,单击"确定"按钮,在报表页眉节标题的右侧添加日期与时间控件。

(4) 选择"报表设计工具/设计"选项卡的"页眉/页脚"组,选择"页码"命令,弹出"页码"对话框,选择页码格式、位置与对齐方式,如图 7-42 所示,单击"确定"按钮,在页面页脚节中添加页码。

(5) 选择"报表设计工具/设计"选项卡的"控件"组,选择"直线"命令,在页面页眉节中单击并拖动鼠标绘制任意长度的直线,在"属性表"窗口中设置直线的"边框宽度"属性为 2pt。

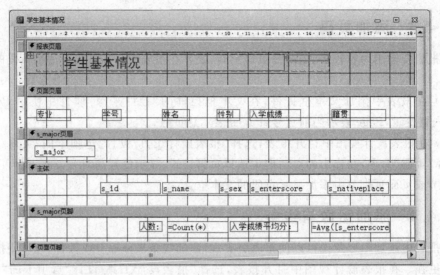

图 7-40　添加标题

图 7-41　选择日期与时间格式

图 7-42　选择页码格式

（6）选择"报表设计工具/设计"选项卡的"主题"组，选择"主题"命令，在打开的主题列表中选择主题"华丽"，对报表应用该主题格式，如图 7-43 所示。

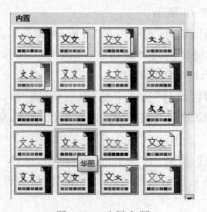

图 7-43　选择主题

（7）保存报表，在"打印预览"视图下显示报表，如图 7-44 所示。

学生基本情况				2016年8月26日 11:43:18	
专业	学号	姓名	性别	入学成绩	籍贯
电子商务					
	s201520202	朱珊珊	女	500	陕西
	s201520101	王威	男	478	福建
		人数： 2	入学成绩平均分：		489.00
计算机信息管理					
	s201510201	肖翔	男	520	云南
	s201510101	赵华	女	516	北京

图 7-44　预览报表

7.5　打印报表

报表创建完成后，可以对报表进行打印输出，在打印之前需要在打印预览视图下查看报表的打印效果，并根据实际需要进行页面设置。如果报表没有问题，即可连接打印机打印输出报表。

7.5.1　打印预览

在"打印预览"视图下打开报表的方法主要有以下两种。

（1）在导航窗格中选择要打印预览的报表，右击，从快捷菜单中选择"打印预览"命令，或是选择"文件"→"打印"→"打印预览"命令。

（2）在报表的设计视图下打开报表，选择"报表设计工具/设计"选项卡的"视图"组，选择"视图"命令，在下拉列表中选择"打印预览"，或单击状态栏右侧的"快速切换视图"按钮切换至打印预览视图。

"打印预览"选项卡由"打印""页面大小""页面布局""显示比例""数据""关闭预览"6 个组构成，如图 7-45 所示。

图 7-45　"打印预览"选项卡

（1）"打印"组：包含"打印"按钮，单击该按钮，弹出"打印"对话框，选择打印机、设置打印范围等。

（2）"页面大小"组：用于选择纸张大小与页边距。

（3）"页面布局"组：提供打印页面布局的各种工具，设置纵向或横向打印，设置列数、列宽等，进行页面设置。

（4）"显示比例"组：用来控制"打印预览"视图的显示比例，可以通过"单页""双页"和"其他页面"选项设置在窗口中同时显示报表页面的数目，最多同时显示 12 页。

（5）"数据"组：该组选项工具是为导入或导出数据库数据而设置的。

（6）"关闭预览"组：只包含"关闭打印预览"按钮，单击该按钮，返回至打印预览视图之前的视图界面。

7.5.2　页面设置和打印

选择"打印预览"选项卡中的"页面布局"组或在设计视图下选择"报表设计工具/页面设置"选项卡中的"页面布局"组，选择"页面设置"命令，可打开"页面设置"对话框。在"打印选项"选项卡中主要设置页边距，如图 7-46 所示；在"页"选项卡中主要设置纸张大小与打印方向，如图 7-47 所示；在"列"选项卡中，可以设置列数、行间距、列间距、列尺寸与列布局等，如图 7-48 所示，通过"列"选项卡可以设置多列报表，使数据更紧凑。

图 7-46　"打印选项"选项卡

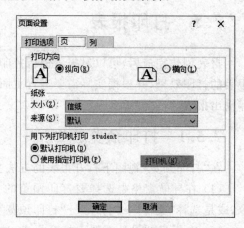

图 7-47　"页"选项卡

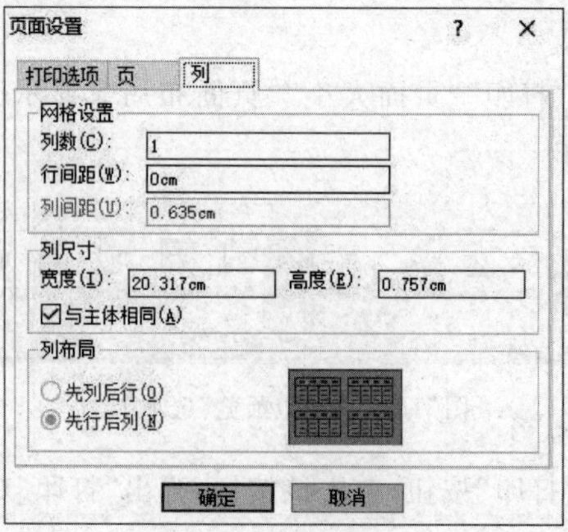

图 7-48　"列"选项卡

页面设置完成后,在"打印预览"视图下查看报表的打印效果,如果没有问题,可选择"打印"命令,打开"打印"对话框,如图 7-49 所示,设置打印参数,单击"确定"按钮,即可开始打印。单击"打印"对话框中的"设置"按钮,可打开"页面设置"对话框,重新设置页面布局后再打印。

图 7-49 "打印"对话框

本章小结

本章主要讲解了报表的基本操作,包括报表简介、报表的创建与编辑方法以及打印报表等内容。

- 报表是 Access 数据库的对象之一,基本功能是打印输出。
- 报表的主要类型有表格式报表、纵栏式报表和标签报表。
- 报表视图有 4 种,分别是报表视图、打印预览、布局视图和设计视图。
- 创建报表的方法主要有三种:自动创建报表、使用向导创建报表、使用报表设计视图创建报表。
- 报表由报表页眉、页面页眉、组页眉、主体、组页脚、页面页脚和报表页脚 7 个节组成。
- 可以对报表数据进行排序、分组、汇总等设置。
- 在报表中可以添加标题、日期和时间、页码、图像与线条等,还可以设置报表主题,使报表更美观,可读性更强。
- 打印输出报表前,需要进行页面设置、打印预览,确定没有问题后再进行打印输出。

思考与习题

1. 选择题

(1) 如果需要制作一个公司员工的名片,应该使用的报表是(   )。

      A. 纵栏式报表   B. 表格式报表   C. 图表式报表   D. 标签报表

(2) 下列选项不属于报表数据来源的是(　　)。

      A. 宏和模块   B. 表   C. 查询   D. SQL 语句

(3) 下面关于报表对数据处理的叙述,正确的是(　　)。

      A. 报表只能输入数据   B. 报表只能输出数据

      C. 报表可以输入和输出数据   D. 报表不能输入和输出数据

(4) Access 的报表操作没有提供(　　)。

      A. 设计视图   B. 打印预览视图   C. 布局视图   D. 编辑视图

(5) 若要实现报表按某字段分组统计输出,需要设置(　　)。

      A. 报表页脚   B. 该字段组页脚   C. 主体   D. 页面页脚

(6) 在报表设计中,用来绑定控件显示字段数据的常用计算控件是(　　)。

      A. 标签   B. 文本框   C. 列表框   D. 选项按钮

(7) 如果要在报表的每一页底部显示页码,应该设置(　　)。

      A. 报表页眉   B. 页面页眉   C. 页眉页脚   D. 报表页脚

(8) 报表中的报表页脚用来(　　)。

      A. 显示报表中的字段名称或记录的分组名称

      B. 显示报表中的标题、图形或说明性文字

      C. 显示本页的汇总说明

      D. 显示整个报表的汇总说明

2. 填空题

(1) 要设置报表的数据源,需要在"属性表"窗口中设置报表的_____属性。

(2) 在 Access 2010 中提供了 4 种报表的视图模式,分别是_____、_____、_____和_____。

(3) 默认情况下,在报表设计视图下创建报表时会显示 3 个节,分别是_____、_____和_____。

(4) 通过选择"报表设计工具/设计"选项卡中"页眉/页脚"组中的"日期和时间"命令,会在报表的_____节中添加日期与时间。

3. 思考题

(1) 报表和窗体有哪些异同?

(2) 报表由哪几部分组成? 各部分的作用是什么?

(3) 创建报表的方式有哪些? 各有哪些优点?

4. 操作题

打开 ProductManage 数据库,完成以下报表的设计。

(1) 以 product 数据表为数据源,创建"商品标签"报表,显示所有字段。

(2) 以 supermarket、supplier、product、detail 数据表为数据源,创建主/子报表"超市进货信息",显示超市编号、超市名称、超市规模、所在城市,以及供应商的编号、名称、商品编号、商品名称、商品数量与生产日期,如图 7-50 所示。

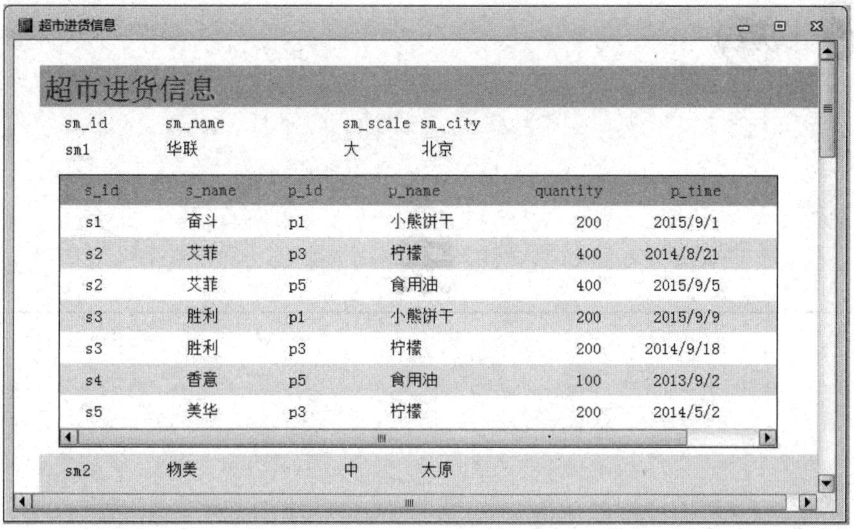

图 7-50 "超市进货信息"报表

（3）创建"供应商供应信息"报表，按供应商编号进行分组，统计每一组供应商供应的商品数量与总数量，并按供应时间升序排列，如图 7-51 所示。

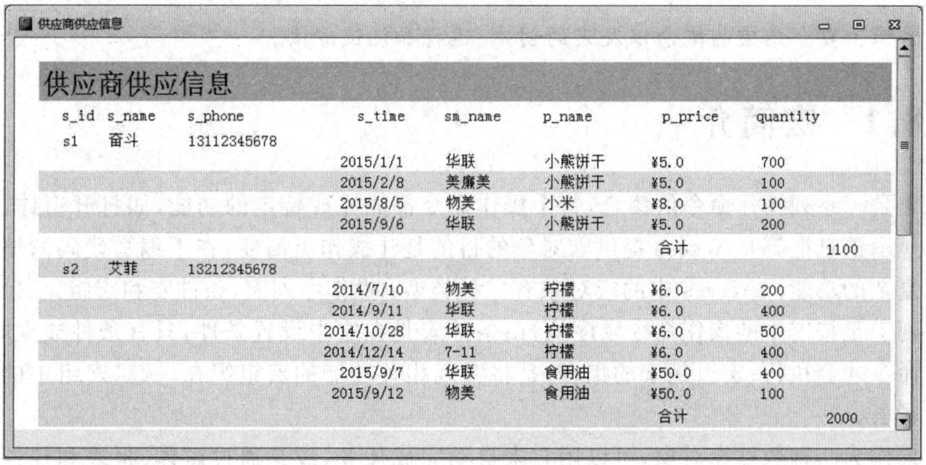

图 7-51 "供应商供应信息"报表

（4）编辑"供应商供应信息"报表，添加日期和时间、页码、线条、图像，并设置报表主题。

第 8 章

宏

情景导入

宏是一系列操作命令的集合,每个操作命令都能完成并实现特定的功能。宏作为 Access 数据库中的一个对象,允许用户自动执行任务,或向窗体、报表和控件中添加功能。

本章主要介绍宏的概念以及宏的创建、运行和调试方法。

8.1 宏简介

宏是一系列操作命令的集合,每个操作命令都能完成特定的功能,如打开窗体、报表或是显示消息框等。Access 提供宏对象的目的是让操作更简便,在不编写代码的情况下实现复杂的功能。Access 中的宏对象有三种类型:操作序列宏、条件宏和宏组。其中,操作序列宏是按宏中的操作命令顺序执行;条件宏是在宏中设置条件,只有条件成立时,宏操作命令才会执行;宏组是宏的集合,是将实现相关功能的宏组织在一起,宏组中的宏也称为子宏。

宏作为一种数据库对象,可以用它来自动完成任务,或是通过窗体、报表和控件中的事件来运行宏。例如,可以向窗体中添加一个命令按钮,将该按钮的单击事件与一个宏关联,当单击该按钮时就会执行宏中的操作命令。

8.1.1 宏的功能

在 Access 中,可以将宏看作一种简化的编程语言,通过一系列可以实现特定功能的操作命令来编写。通过使用宏,用户无须在 Visual Basic for Applications(VBA)模块中编写代码,就可以向窗体、报表和控件中添加所需的功能。宏对象提供了 VBA 中可用命令的子集,生成宏比编写 VBA 代码要简单、容易。

宏的具体功能如下:

- 显示/隐藏工具栏。
- 打开/关闭数据表、查询、窗体和报表。
- 执行报表的预览和打印操作以及报表中数据的发送。
- 设置窗体或报表中控件的值。
- 设置 Access 工作区中任意窗口的大小,并执行窗口移动、缩小、放大和保存等操作。
- 执行查询操作,以及数据的过滤、查找。
- 为数据库设置一系列的操作,简化工作。
- 显示提示信息框、显示警告。

由此可见,宏的功能几乎涉及了所有的数据库操作细节。通过宏的自动执行重复任务的功能,可以保证工作的一致性,提高工作效率。灵活地运用宏,能够使 Access 数据库应用系统的功能变得更加强大。

8.1.2　宏操作

宏是一种特殊的代码,它没有控制转移功能,也不能直接操控变量。它是一种操作的代码,以操作为单位,将一连串的操作命令有机地组合起来。在宏运行时,这些操作命令一个一个地依次执行,若是有条件的操作命令,则按照条件进行操作。在宏中的每个操作命令都可以携带自己的参数,但是每个操作命令执行后都没有返回值。

Access 2010 为用户提供了 80 多个宏操作命令,根据宏操作的对象、用途不同,可以将它们分为以下五类。

(1) 操作数据类:这类宏操作命令是 Access 中用于操作窗体和报表中数据的宏操作。此类宏操作命令又可以分为两种:一种是过滤操作,即筛选数据记录,例如 ApplyFilter;另一种是记录定位操作,例如 GoToPage。

(2) 数据库对象处理类:这类宏操作命令可以实现数据库对象操作的自动化。

(3) 执行命令类:此类宏操作命令主要用于运行命令、宏、查询和其他应用程序,如运行命令 RunSQL、退出命令 QuitAccess 等。

(4) 导入导出类:此类宏操作命令可以实现 Access 与其他应用程序之间的数据共享,此共享是静态的数据共享,因为它只是将 Access 数据转换成其他应用程序所要求的文件格式,或者将其他应用程序的数据文件格式转换为 Access 的文件格式。在导入导出前后,Access 与其他应用程序毫无关系。

(5) 其他类:此类宏操作命令主要用于维护 Access 的界面,包括菜单栏、工具栏、快捷菜单和快捷键的添加、修改和删除,错误信息的提示方式和响铃警告等。

下面是一些常用的宏操作。

(1) Submacro:允许在由 RunMacro 或 OnError 宏操作调用的宏中执行一组已命名的宏操作。

(2) AddMenu:用于将菜单添加到自定义的菜单栏上,菜单栏中每个菜单都需要一个独立的 AddMenu 操作。

(3) ApplyFilter:对表、窗体或报表应用筛选、查询或 SQL Where 子句,以便限制或排序表中的记录以及窗体或报表的基础表或查询中的记录。对于报表,只能在其"打开"

事件属性所指定的宏中使用该操作。

（4）Beep：使用 Beep 操作命令，可以通过计算机的扬声器发出嘟嘟声。嘟嘟声的频率和持续时间取决于计算机硬件，在不同的计算机上可能会有所不同。通常使用 Beep 操作命令提示已发生重要的屏幕更改、控件中输入了某种错误类型的数据、宏已经执行到指定位置或已经完成操作。

（5）CancelEvent：用于取消导致该宏运行的 Microsoft Access 事件。

（6）CloseWindow：关闭指定的 Microsoft Access 窗口，如果没有指定窗口，则关闭当前活动窗口。

（7）DeleteRecord：删除当前记录。

（8）DisplayHourglassPointer：可以使鼠标指针在宏执行时变成沙漏图标或其他指定图标。该操作可在视觉上表明宏正在执行。

（9）FindRecord：查找符合指定条件的第一条记录或下一条记录。

（10）GotoControl：把焦点移到激活数据表或窗体上指定的字段或控件上。如果要让某一特定的字段或控件获得焦点，可以使用该操作。

（11）GotoRecord：将打开的表、窗体或查询结果集中的指定记录变成当前记录。

（12）MaximizeWindow：最大化活动窗口。

（13）MinimizeWindow：最小化活动窗口。

（14）MoveAndSizeWindow：可以移动活动窗口或调整其大小。

（15）MessageBox：显示包含警告信息或其他提示信息的消息框。

（16）OpenForm：打开窗体。

（17）OpenQuery：打开或运行一个查询。

（18）OpenReport：打开报表。

（19）OpenTable：使用表。

（20）QuitAccess：退出 Access。

（21）RemoveTempVar：删除通过 SetTempVar 操作命令创建的单个临时变量。

（22）RepaintObject：用于完成指定数据库对象挂起的屏幕更新。如果没有指定数据库对象，则会对活动数据库对象进行屏幕更新。这种更新包括对象控件所有挂起的重新计算。

（23）RunCode：调用 Microsoft Visual Basic 的 Function 过程。

（24）RunMacro：用于执行宏，可在以下情况中使用该操作：从某个宏中运行另一个宏、根据一定条件运行宏、将宏附加到自定义菜单命令中。

（25）SelectObject：选择指定的数据库对象。

（26）SetMenuItem：用于设置活动窗口的自定义菜单栏或全局菜单栏中的菜单项状态（启用或禁用、选取或不选取）。

（27）SetTempVar：使用 SetTempVar 操作，可以创建一个临时变量，并将其设置为特定的值。然后可以在后续操作中将该变量用作条件或参数，也可以在其他宏、事件过程、窗体或报表中使用该变量。

（28）ShowAllRecords：用于删除活动表、查询结果集或窗体中所有已应用的筛选，并显示表、结果集或窗体基本表或查询中的所有记录。

（29）StopAllMacros：用于终止当前所有宏的运行。

（30）StopMacro：用于终止当前正在运行的宏。

8.2 创建宏

创建宏的过程主要是在宏设计窗口中完成。不管是创建单个宏还是创建宏组，宏中所包含的各种宏操作命令都是从 Access 提供的宏操作命令中选取的，而不是由用户自己定义。

8.2.1 创建操作序列宏

一个操作序列宏可以包含多条宏操作命令，运行时是按宏操作命令的顺序从第一个宏操作命令依次向下执行。

【例 8.1】 创建宏"操作序列宏"，其功能是依次打开"学生基本信息登记表"窗体和"学生基本情况"报表。

操作步骤如下：

（1）打开 StudentManage 数据库，选择"创建"选项卡的"宏与代码"组，单击"宏"按钮，进入宏设计窗口，如图 8-1 所示。

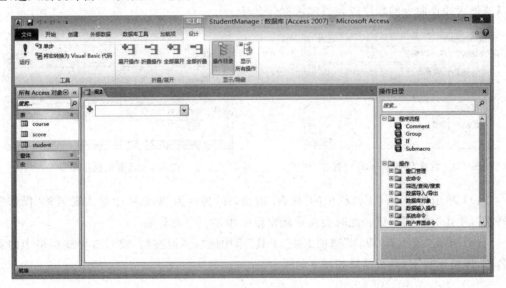

图 8-1 宏设计窗口

（2）在右侧的"操作目录"任务窗格中分类列出所有的宏操作命令，选择一个宏操作命令，在"操作目录"任务窗格下方会显示该操作命令的说明信息。双击宏操作命令会将宏操作命令添加到宏设计窗口，也可以在"添加新操作"组合框中选择或直接输入宏操作命令的名称。这里在"操作目录"下的"数据库对象"分类中找到 OpenForm 操作命令并双击，在宏设计窗口中显示该命令，在 OpenForm 操作命令的"窗体名称"参数下拉列表中选择"学生基本情况登记表",其他参数默认,如图 8-2 所示。

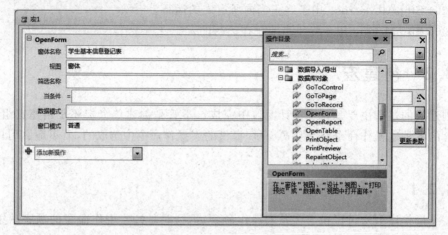

图 8-2 选择 OpenForm 宏操作命令

（3）在"添加新操作"下拉列表中选择 OpenReport 宏操作命令,在"报表名称"参数下拉列表中选择"学生基本情况","视图"参数选择"打印预览",如图 8-3 所示。

（4）选择"宏工具/设计"选项卡中"折叠/展开"组,单击"全部折叠"按钮,可以将全部宏操作命令折叠起来,如图 8-4 所示,单击宏操作命令右侧的"上移""下移""删除"按钮可以调整宏操作命令的顺序或是删除宏操作命令。

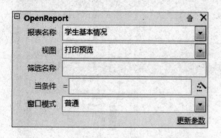

图 8-3 设置 OpenReport 宏操作

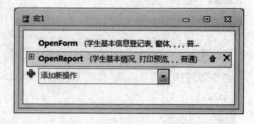

图 8-4 折叠宏操作命令

（5）单击快速访问工具栏中的"保存"按钮,在"另存为"对话框中输入宏名称"操作序列宏",单击"确定"按钮。此时会在导航窗格中添加一个宏对象。

（6）单击"宏工具/设计"选项卡中"工具"组中的"运行"按钮,或双击导航窗格中的宏名称,即可运行宏,运行结果如图 8-5 所示。

8.2.2 创建条件宏

操作序列宏的执行顺序是从第一个宏操作依次往下执行,直到最后一个宏操作命令结束。但有时用户会要求宏能够按照一定的条件去执行某些操作,这时就需要在宏中设置条件来控制宏的执行流程。

条件宏可以通过 if 和 else 语句来设置条件,系统根据条件结果的"真"或"假",选择执行或不执行相应的操作命令。当条件结果为"真"时,运行对应的操作命令;当条件结果

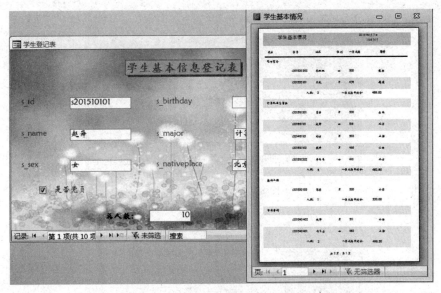

图 8-5　"操作序列宏"的运行结果

为"假"时,忽略对应的操作命令。

【例 8.2】　创建宏"条件宏",并通过窗体来调用它,实现根据窗体中的不同选择,分别执行打开窗体或报表的操作。

操作步骤如下:

(1) 打开 StudentManage 数据库,选择"创建"选项卡的"窗体"组,单击"窗体设计"按钮,进入窗体设计视图。

(2) 在"窗体设计工具/设计"选项卡的"控件"组中选择"选项组"控件,拖动鼠标,弹出"选项组向导"对话框,为选项指定标签名称分别为"打开窗体""预览报表",如图 8-6 所示,单击"下一步"按钮。

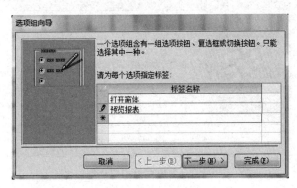

图 8-6　为选项指定标签

(3) 设置"打开窗体"选项作为默认选项,如图 8-7 所示,单击"下一步"按钮。为每个选项赋值,打开窗体为"1",预览报表为"2",如图 8-8 所示,单击"下一步"按钮。

(4) 设置选项组中的控件类型与样式,选择默认设置,单击"下一步"按钮。为选项组

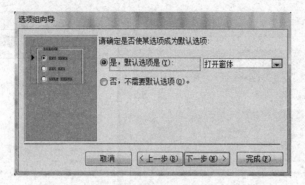

图 8-7　设置默认选项

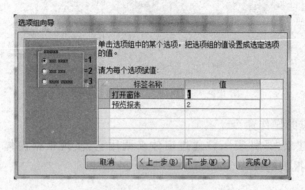

图 8-8　为选项赋值

指定标题"操作类型",如图 8-9 所示,单击"完成"按钮。在"属性表"窗口中将选项组控件的名称设置为 Frame1。在窗体中添加一个标签控件和两个按钮控件,设置控件与窗体的属性。保存窗体,命名为"条件判断窗体",窗体的运行效果如图 8-10 所示。

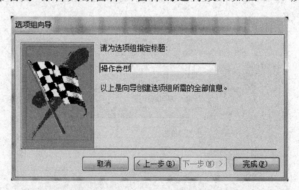

图 8-9　为选项组指定标题

(5) 选择"创建"选项卡的"宏与代码"组,单击"宏"按钮,进入宏设计窗口。在"添加新操作"组合框中输入宏操作命令 If,在 If 后添加条件表达式"[forms]![条件判断窗体]![frame1]=1",并添加 OpenForm 宏操作命令,打开"学生基本信息登记表"窗体,如图 8-11 所示。

图 8-10　窗体运行效果

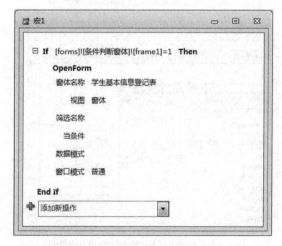

图 8-11　设置第一个 If 条件判断

当在条件表达式中引用窗体或报表中的控件值时,引用格式为:

[Forms]![窗体名]![控件名]或[Reports]![报表名]![控件名]

(6) 同样方法,添加第二个 If 判断,If 后添加条件表达式"[forms]![条件判断窗体]![frame1]=2",并添加 OpenReport 宏操作命令,打开"学生基本情况"报表,如图 8-12 所示。

(7) 单击快速访问工具栏中的"保存"按钮,在"另存为"对话框中输入宏名称"条件宏",单击"确定"按钮。

(8) 在窗体设计视图中打开"条件判断窗体",单击"确定"按钮,在"属性表"窗口中将其"单击"事件属性设置为"条件宏",如图 8-13 所示,保存窗体。

(9) 在窗体视图中打开"条件判断窗体",当选择"预览报表"选项后,单击"确定"按钮,就会以"打印预览"方式显示"学生基本情况"报表,如图 8-14 所示,当选择"打开窗体"选项后,单击"确定"按钮,就会打开对应的窗体。

图 8-12　设置第二个 If 条件判断

图 8-13　设置"确定"按钮的"单击"事件

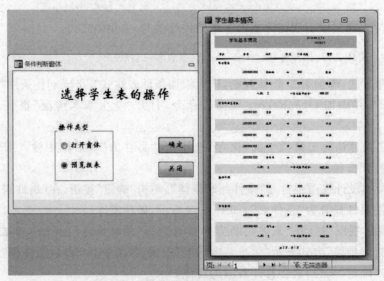

图 8-14　通过窗体调用条件宏

8.2.3 创建宏组

创建宏组的操作方法与创建宏的操作方法基本相同。用户要创建宏组，只需要在宏中添加 Submacro 宏操作命令，就可以在此宏组中创建子宏，在子宏中可以添加除 Submacro 之外的其他宏操作命令。如果要创建为子宏的宏操作命令已经存在于该宏中，可以先选择这些宏操作命令，再右击，从快捷菜单中选择"生成子宏程序块"命令，可以从现有宏操作命令中生成子宏。通过以上方法可以创建多个子宏，多个子宏就构成了一个宏组，通过宏组名.子宏名就可以调用子宏，实现特定的功能。如果直接运行宏组，而没有指定子宏名，则运行宏组中的第一个子宏。

【例 8.3】 修改宏"条件宏"，将原来的宏操作命令生成子宏程序块，并创建另一个子宏，实现关闭"条件判断窗体"的功能，然后在"条件判断窗体"中通过按钮控件的单击事件进行调用。

操作步骤如下：

（1）打开 StudentManage 数据库，在导航窗格中右击"条件宏"，从快捷菜单中选择"设计视图"命令，进入宏设计窗口。

（2）按住 Shift 键，选择第一个和第二个 If 宏操作命令，在宏操作命令上右击，选择"生成子宏程序块"命令，并输入子宏名称"确定"，如图 8-15 所示。

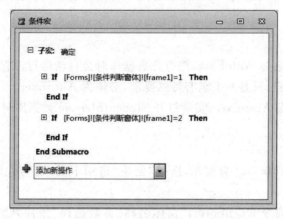

图 8-15 "确定"子宏

（3）在"操作目录"窗格中双击 Submacro 宏操作命令，创建另一个子宏，输入子宏名称为"关闭"。在"添加新操作"组合框中输入宏操作命令 If，在 If 后添加条件表达式"MsgBox("确定要关闭窗体吗?",1)＝1"，并添加 CloseWindow 宏操作命令，"对象类型"参数选择"窗体"，"对象名称"参数选择"条件判断窗体"，如图 8-16 所示。

（4）单击快速访问工具栏中的"保存"按钮，保存宏。

（5）在窗体设计视图中打开"条件判断窗体"，选择"确定"按钮，在"属性表"窗口中将其"单击"事件属性设置为"条件宏.确定"。同样方法，将"关闭"按钮的"单击"事件属性设置为"条件宏.关闭"，保存窗体。

（6）在窗体视图中打开"条件判断窗体"，单击"确定"按钮，实现与例 8.2 相同的功能。当单击"关闭"按钮时,会弹出消息框,显示信息"确定要关闭窗体吗?",如图 8-17 所示。单击消息框的"确定"按钮时,会关闭"条件判断窗体"。

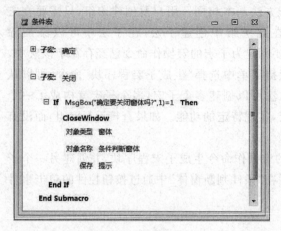

图 8-16　"关闭"子宏　　　　　　　　图 8-17　单击"关闭"按钮弹出的消息框

8.2.4　创建特殊的宏

宏是通过宏名进行调用的,Access 中有两个特殊的宏:一个名为 AutoExec;另一个名为 AutoKeys。

1. AutoExec 宏

如果将一个宏命名为 AutoExec,则打开数据库时会自动运行。它的创建方法与普通宏的创建方法完全一样,只是对宏名有特殊要求,必须为 AutoExec。

【例 8.4】　创建宏 AutoExec,实现打开 StudentManage 数据库时,自动运行"条件判断窗体"。

操作步骤如下:

(1) 打开 StudentManage 数据库,选择"创建"选项卡的"宏与代码"组,单击"宏"按钮,进入宏设计窗口。

(2) 添加宏操作命令 OpenForm,"窗体名称"参数选择"条件判断窗体",保存宏,命名为 AutoExec,如图 8-18 所示。

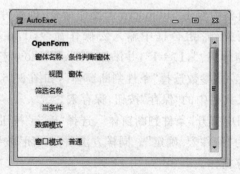

图 8-18　AutoExec 宏

此时重新打开 StudentManage 数据库时,"条件判断窗体"会自动运行。如果要取消 AutoExec 宏的运行,需要在打开数据库时按住 Shift 键。

2. AutoKeys 宏

AutoKeys 宏用于定义数据库中的快捷键。AutoKeys 宏中可以包含多个子宏,每个子宏名就是一个快捷键,当按下指定的键或组合键时,就会执行对应的子宏中所定义的操作。AutoKeys 宏中可以作为宏名的按键如下:

(1) ^代表 Ctrl 键。

(2) +代表 Shift 键。

(3) {F1}代表功能键。

(4) {Delete}代表删除键。

(5) {Insert}代表插入键。

【例 8.5】 创建宏 AutoKeys,实现按 F1 功能键时,显示消息框,按 Ctrl+O 组合键时,打开 student 表。

操作步骤如下:

(1) 打开 StudentManage 数据库,选择"创建"选项卡的"宏与代码"组,单击"宏"按钮,进入宏设计窗口。

(2) 添加两个 Submacro 宏操作命令,子宏名称分别为{F1}、^O。在子宏{F1}中添加 MessageBox 宏操作命令,在子宏^O 中添加 OpenTable 宏操作命令。保存宏,命名为 AutoKeys,如图 8-19 所示。

图 8-19 AutoKeys 宏

AutoKeys 宏创建完成后,在 StudentManage 数据库运行过程中,任何时候按下 F1 功能键都将弹出如图 8-20 所示的消息框,按 Ctrl+O 组合键都将打开 student 表。

图 8-20　消息框

8.3　宏的调试与运行

宏在创建完成后,就可以调试并使用了。在使用宏之前首先需要调试宏,然后再运行,以保证运行的正确性。

8.3.1　宏的调试

宏的调试是创建宏之后必须要进行的一项工作,尤其是对由多个宏操作命令组成的复杂宏,更加需要反复进行调试,以测试宏的流程和每一个操作结果。Access 2010 中通过单步执行宏的方式跟踪宏的每一步操作,是发现错误的有效方法。

【例 8.6】　调试例 8.1 中创建的"操作序列宏"。

操作步骤如下:

图 8-21　"单步"按钮

(1) 打开 StudentManage 数据库,在导航窗格中右击"操作序列宏",从快捷菜单中选择"设计视图"命令,进入宏设计窗口。

(2) 单击"宏工具/设计"选项卡"工具"组中的"单步"按钮,如图 8-21 所示。

(3) 单击"宏工具/设计"选项卡"工具"组中的"运行"按钮,弹出"单步执行宏"对话框,显示宏中的第一个宏操作命令 OpenForm 与相应的参数,错误号为 0 表示没有错误,如图 8-22 所示。

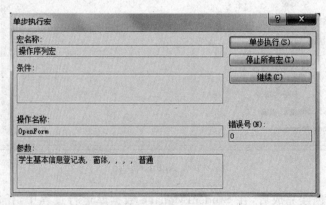

图 8-22　"单步执行宏"对话框

（4）单击"单步执行"按钮，继续运行宏操作。如果单击"停止所有宏"按钮将停止宏的执行并关闭该对话框，单击"继续"按钮会关闭单步执行方式，执行宏的未完成部分。

由于此宏中没有错误，所以调试过程中没有弹出错误对话框。如果调试过程中出现错误，则会弹出消息框，提示错误信息，并给出处理建议。用户可以根据系统的错误提示发现并改正错误，然后继续进行调试，直到停止宏或宏操作完成。

8.3.2 宏的运行

在 Access 中运行宏的方法有很多，可以直接运行宏，也可以通过窗体、报表或控件上的事件触发宏，还可以使用宏去调用另一个宏或在 VBA 代码中执行宏。

1. 直接运行宏

直接运行宏的方法主要有以下几种。

（1）在导航窗格中直接双击要运行的宏或右击宏对象，从快捷菜单中选择"运行"命令。

（2）在宏设计窗口中，单击"宏工具/设计"选项卡"工具"组中的"运行"按钮。

（3）在"数据库工具"选项卡的"宏"组中，单击"运行宏"按钮，在弹出的"执行宏"对话框中选择要运行的宏，单击"确定"按钮，如图 8-23 所示。

（4）将宏名命名为 AutoExec，打开数据库时将自动运行。

2. 在一个宏中运行另一个宏

在一个宏中运行另一个宏，需要在宏设计窗口中添加 RunMacro 宏操作命令，在"宏名称"下拉列表中选择要运行的宏，如图 8-24 所示。

图 8-23 "执行宏"对话框

图 8-24 设置 RunMacro 宏操作

3. 在 VBA 代码中执行宏

在 VBA 代码中运行宏，用户只需将 DoCmd 对象的 RunMacro 操作添加到过程中，然后指定要运行的宏名即可。

4. 通过事件触发宏

在实际应用中，运行宏的常用方法是通过窗体、报表或控件上的事件触发宏，如例 8.2 和例 8.3 所示。

【例 8.7】 创建如图 8-25 所示的窗体，实现在窗体上方的文本框中输入课程名，单击

"查询"按钮查找到指定课程信息;单击"全部"按钮显示全部课程信息;单击"打印课程成绩"按钮,将以打印预览方式打开"课程信息"报表,预览课程的选课成绩信息。按钮的功能通过宏实现。

操作步骤如下:

(1) 打开 StudentManage 数据库,创建窗体"课程信息查询",如图 8-25 所示,窗体上方文本框的名称设置为 cname。

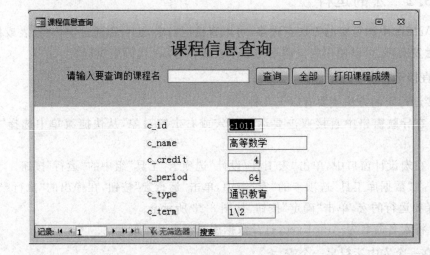

图 8-25 "课程信息查询"窗体

(2) 创建宏"课程信息查询宏",添加 3 个 Submacro 宏操作命令,子宏名称分别为"查询""全部""打印",如图 8-26 所示。

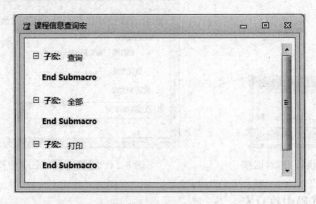

图 8-26 "课程信息查询宏"中的 3 个子宏

(3) 编辑子宏"查询",如图 8-27 所示,首先判断窗体中文本框 cname 的值是否为空,如果为空就显示消息框;如果不为空则应用筛选,筛选的条件是＝[course].[c_name]＝[Forms]![课程信息查询]![cname]。

(4) 编辑子宏"全部",添加 ShowAllRecords 宏操作命令。编辑子宏"打印",添加 OpenReport 宏操作命令,打开例 7.7 创建并修改完成的主/子报表"课程信息",筛选条件

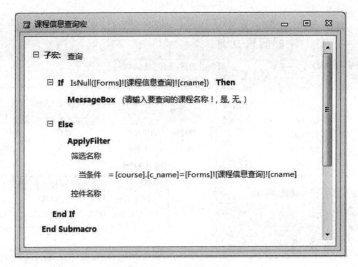

图 8-27 "查询"子宏

与子宏"查询"中的筛选条件相同,如图 8-28 所示,保存宏。

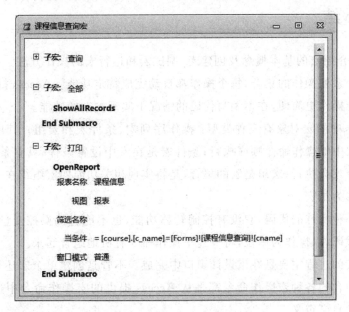

图 8-28 "全部"与"打印"子宏

（5）在窗体设计视图中打开"课程信息查询"窗体,将"查询""全部""打印课程成绩"按钮的"单击"事件属性分别设置为"课程信息查询宏.查询""课程信息查询宏.全部""课程信息查询宏.打印"。

（6）在窗体视图中打开"课程信息查询"窗体,输入课程名"大学英语",单击"查询"按钮会查找到"大学英语"的课程信息,单击"打印课程成绩"按钮会以打印预览方式打开报表,且仅显示"大学英语"的成绩信息,如图 8-29 所示。单击"全部"按钮时,会取消筛选,显示所有课程信息。

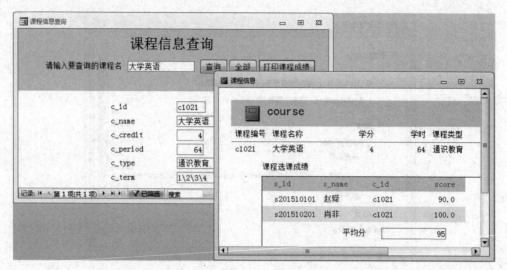

图 8-29 查询与打印课程成绩

本章小结

本章主要介绍宏的基本概念及创建宏、调试宏和运行宏的操作方法。主要内容如下：

- 宏是一系列操作的集合，每个操作都自动完成特定功能。Access 提供宏对象的目的是让操作更简便，在不编写代码的情况下实现复杂的功能。

- Access 中的宏对象有三种类型：操作序列宏、条件宏和宏组。其中，操作序列宏是按宏中的操作命令顺序执行；条件宏是在宏中设置条件，只有条件成立时宏操作命令才会执行；宏组是宏的集合，是将实现相关功能的宏组织在一起，宏组中的宏也称为子宏。

- 宏是一种特殊的代码，它没有控制转移功能，也不能直接操控变量。它是一种操作的代码，以操作为单位，将一连串操作命令有机地组合起来。

- 创建宏的过程主要是在宏设计窗口中完成。不管是创建单个宏还是创建宏组，宏中所包含的各种宏操作命令都是从 Access 提供的宏操作命令中选取的，而不是由用户自己定义。

- 在使用宏之前首先需要调试宏，然后再运行，以保证运行的正确性。

- 在 Access 中运行宏的方法有很多，可以直接运行宏，也可以通过窗体、报表或控件上的事件触发宏，还可以使用宏去调用另一个宏或是在 VBA 代码中执行宏。

思考与习题

1. 选择题

(1) 下面关于宏的说法中,正确的是( )。

　　A. 宏只能是一个操作

　　B. 宏是可以用来使任务自动化的操作或操作集

　　C. 宏不可以与窗体中的命令按钮结合起来使用

　　D. 宏操作命令可以自定义

(2) 条件宏的条件项是一个( )。

　　A. 逻辑表达式　　　B. 算术表达式　　　C. 字段列表　　　D. SQL 语句

(3) 下列关于宏的运行方法中,错误的是( )。

　　A. 运行宏时,每个宏只能连续运行

　　B. 打开数据库时,可以自动运行名为 AutoExec 的宏

　　C. 可以通过窗体、报表或控件上的事件来触发宏

　　D. 可以在一个宏中运行另一个宏

(4) 打开查询的宏操作命令是( )。

　　A. OpenQuery　　　B. OpenTable　　　C. OpenForm　　　D. OpenReport

(5) 停止当前运行的宏的宏操作命令是( )。

　　A. CancelEvent　　　　　　　　　B. RunMacro

　　C. StopMacro　　　　　　　　　　D. StopAllMacros

(6) 下列各项中,属于宏命令 RunMacro 中的操作参数是( )。

　　A. 宏名　　　　　B. 重复次数　　　C. 重复表达式　　　D. 以上都是

(7) 一个非条件宏在运行时会( )。

　　A. 执行部分宏操作　　　　　　　　B. 执行全部宏操作

　　C. 执行设置了参数的宏操作　　　　D. 等待用户选择执行每个宏操作

(8) 当运行由多个子宏构成的宏组时,会执行( )中的所有宏操作命令。

　　A. 第一个子宏　　　　　　　　　　B. 最后一个子宏

　　C. 全部子宏　　　　　　　　　　　D. 不会执行任何子宏

2. 填空题

(1) 引用宏组中的宏,采用的语法是_____。

(2) 通过_____可以一步一步地检查宏中的错误操作。

(3) 通过宏打开某个数据表的宏操作命令是_____。

(4) 打开窗体的宏命令的操作参数中必选项是_____。

(5) 当在宏操作命令的条件表达式中引用窗体中的控件值时,引用格式是_____。

3. 思考题

(1) 什么是宏?

（2）Access 中的宏对象有几种类型？有什么区别？

（3）运行宏的方法有哪些？

4. 操作题

打开 ProductManage 数据库，完成以下宏的设计。

（1）创建"宏 1"，实现按顺序打开表 supermarket、supplier、product，并依次关闭，每次关闭前弹出消息框进行提示。

（2）在"商品管理系统登录界面"窗体中，通过设计宏来实现用户名与密码的检查、窗体的打开功能等。

（3）创建"超市信息查询"窗体，显示超市信息，实现根据超市名称查询指定超市的信息以及打印超市进货信息的功能。

（4）分别调试前面所创建的宏。

第 9 章

模块与VBA编程

情景导入

在 Access 系统中，借助前面章节介绍的宏对象可以完成事件的响应处理，例如，打开和关闭窗体、报表等。但宏的使用有一定的局限性，一是宏只能处理一些简单的操作，对于复杂的条件和循环等结构则无能为力；二是宏对数据库对象的处理能力较弱。"模块"是将 VBA 声明和过程作为一个单元进行保存的集合体。通过模块的组织和 VBA 代码设计，可以大大提高 Access 数据库应用处理能力，解决一些相对复杂的问题。

9.1　模块简介

模块是 Access 数据库系统中的一个重要对象，是用 VBA（Visual Basic for Applications）语言编写的程序集合，以函数过程（Function）或子过程（Sub）为单元的集合方式存储。

9.1.1　模块的分类

模块分为标准模块和类模块两种类型。

1. 标准模块

标准模块一般用于存放供其他 Access 数据库对象或代码使用的公共过程。在系统中可以通过创建新的模块而进入其代码设计环境。

标准模块中的公共变量和公共过程具有全局性，作用范围在整个应用程序中，生命周期随着应用程序的运行而开始、关闭而结束。

根据系统规模和设计的需要，可以将这些公共变量和过程组织在多个不同的模块对象内。不同模块对象中允许定义相同的变量名和过程方法名，外部引用时使用"模块对象名.变量"或"模块对象名.过程（或方法）"的形式。例如，两个模块对象 PModule1 和 PModule2 中都定义了公共变量 PI 和 p()，则引用形式为

```
PModule1.PI, PModule1.p()
PModule2.PI, PModule2.p()
```

如果直接引用 PI 或 p()会产生二义性错误。

2. 类模块

类模块,顾名思义是以类的形式封装的模块,是面向对象编程的基本单位。Access的类模块按照形式不同分为系统对象类模块和用户自定义类模块。

(1) 系统对象类模块。Access 的窗体对象和报表对象都可以有自己的事件代码和处理模块,这些模块属于系统对象类模块,它们从属于各自的窗体或报表。但这两个模块都具有局限性,其作用范围局限在所属窗体或报表内部,生命周期随着窗体或报表的打开而开始、关闭而结束。

(2) 用户自定义类模块。用户自定义类模块不与窗体或报表相关联,用户可以根据需要自行定义所需要的对象、属性和方法。

9.1.2 创建模块

模块是装载 VBA 代码的容器,Access 以 VBE(Visual Basic Editor)作为 VBA 开发的环境。在 Access 中,选择"创建"选项卡,在"宏与代码"组里选择"模块"或"类模块"命令,可以打开 VBE 窗口,并创建一个新的模块,如图 9-1 所示。在 VBE 窗口中,选择"插入"菜单下的"模块"或"类模块"命令,或是单击工具栏中的"插入模块"按钮,从下拉列表中选择"模块"或"类模块"命令也可以创建模块。

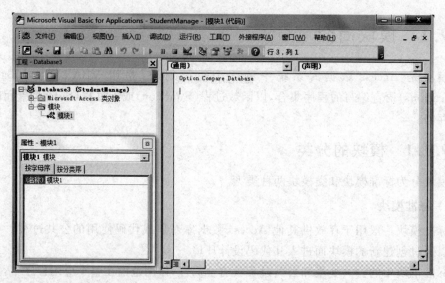

图 9-1 VBE 窗口

1. VBA 代码编写模块过程

一个模块是由声明区域和一个或多个子过程(以 Sub 开头)或函数过程(以 Function 开头)组成。模块的声明区域用来声明模块使用的变量等项目,一般位于模块的最开始部分。过程是模块的基本单元,由 VBA 代码编写而成。过程分为两种类型:Sub 过程和 Function 过程。

(1) Sub 过程。Sub 过程又称为子过程,执行一系列操作,无返回值。

可以引用过程名来调用该子过程,或使用 VBA 关键字 Call 来显式调用一个子过程。在过程名前加上 Call 是一个很好的设计习惯。

(2) Function 过程。Function 过程又称为函数过程,执行一系列操作,有返回值。

函数过程有返回值,因此在函数的定义语句中必须包含一条为函数名赋值的语句。函数过程不能使用 Call 来调用执行,需要直接引用函数过程名作为一个运算量出现在表达式中。

2. 在模块中执行宏

在模块的定义过程中,使用 Docmd 对象的 RunMcro 方法,可以执行宏。其调用格式为

```
Docmd.RunMacro MacroName[,RepeatCount][,RepeatExpression]
```

- MacroName:表示当前数据库中宏的有效名称。
- RepeatCount:可选项,用于表示计算宏运行次数的整数值。
- RepeatExpression:可选项,是数值表达式,在每一次运行宏时进行计算,结果为 False(0)时,停止运行宏。

【例 9.1】 在 StudentManage 数据库中创建一个标准模块,执行宏"操作序列宏",并输出信息"操作序列宏已运行"。

操作步骤如下:

(1) 打开 StudentManage 数据库,选择"创建"选项卡中的"宏与代码"组,单击"模块"按钮,打开 VBE 窗口。

(2) 在代码窗口中创建一个名为"运行宏"的 Sub 子过程,如图 9-2 所示。

(3) 单击 VBE 窗口"标准"工具栏中的"运行子过程/用户窗体"按钮,或选择"视图"菜单下的"立即窗口"命令,在打开的立即窗口中输入"Call 运行宏()"命令,Sub 子过程运行,同时在立即窗口中显示输出信息,如图 9-3 所示。

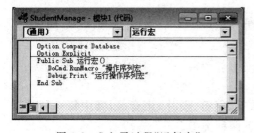

图 9-2 Sub 子过程"运行宏"

图 9-3 立即窗口显示输出信息

(4) 单击 VBE 窗口"标准"工具栏中的"保存"按钮,在"另存为"对话框中输入模块名称"运行宏模块",单击"确定"按钮,此时会在导航窗格中添加一个模块对象。

9.2 VBA 语言基础

9.2.1 VBA 语句书写原则

1. 语句书写规定

（1）通常将一个语句写在一行，一行写不下可以用续行符"_"将语句续写在下一行。

（2）可以使用冒号（:）将几个语句分隔写在一行中。

（3）当输入一行语句并按下回车键后，如果该行代码以红色文本显示（有时伴有错误信息出现），则表明该行语句存在错误应更正。

2. 注释语句

一个好的程序一般都有注释语句，这对程序的维护有很大好处。在 VBA 程序中，注释可以通过以下两种方式实现。

（1）使用 Rem 语句，格式为

Rem 注释语句

（2）用单引号"'"，格式为

'注释语句

【例 9.2】 定义变量并赋值。

```
Rem 定义两个变量
Dim Str1,Str2
Str1="shanghai"   :Rem 注释位于语句之后要用冒号隔开
Str2="tianjin"    '这也是一条注释语句，这时，无须使用冒号
```

注释可以添加到程序模块的任何位置，并且默认以绿色文本显示。还可以利用"编辑"工具栏中的"设置注释块"按钮和"解除注释块"按钮，对大块代码进行注释或解除注释。

3. 采用缩进格式书写程序

采用正确的缩进格式可以显示出流程中的结构，可以利用"编辑"菜单下的"缩进"或"凸出"命令进行设置。

9.2.2 数据类型

在数据库中可以存储各种类型的数据，如数字、字符、图片、声音等，其中每一种数据都有一个数据类型与之对应。一般将其分为以下两种类型。

1. 标准数据类型

常用标准数据类型如表 9-1 所示。

（1）布尔型数据（Boolean）。布尔型数据只有两个值：True 和 False。布尔型数据转换为其他类型数据时，True 转换为 -1，False 转换为 0。其他类型数据转换为布尔型数

据时,0 转换为 False,其他值转换为 True。

表 9-1　常用标准数据类型

数据类型	类型标识	符号	字 段 类 型	取 值 范 围
整型	Integer	%	数字:整型、字节	$-32768\sim32767$
长整型	Long	&	数字:长整型、自动编号	$-2147483648\sim2147483647$
单精度型	Single	!	数字:单精度型	负数$-3.402823\times10^{38}\sim-1.401298\times10^{-45}$
				正数 $1.401298\times10^{-45}\sim3.402823\times10^{38}$
双精度型	Double	#	数字:双精度型	负数$-1.79769313486232\times10^{308}\sim$ $-4.94065645841247\times10^{-324}$
				正数 $4.94065645841247\times10^{-324}\sim$ $1.79769313486232\times10^{308}$
货币型	Currency	@	货币	$-922337203685477.5808\sim922337203685477.5807$
字符串型	String	$	文本	字符长度 $0\sim65536$
布尔型	Boolean		是/否	True 或 False
日期型	Date		日期/时间	100 年 1 月 1 日—9999 年 12 月 31 日
变体类型	Variant	无	任何	由最终的数据类型决定

(2) 日期型数据(Date)。任何可以识别的文本日期数据都可以赋给日期变量,"时间/日期"类型数据必须前后用"#"号封住,例如#2015/11/18#。

(3) 变体类型数据(Variant)。变体类型是一种特殊的数据类型,可以表示多种类型的数据,变体类型还可以包含 Empty、Error、Nothing 和 Null 等特殊值,使用时其数据类型由赋予它的值决定。VBA 中规定,如果没有显式声明或使用符号来定义变量的数据类型,则默认为变体类型。Variant 数据类型非常灵活,但使用这种数据类型最大的缺点在于其缺乏可读性,即无法通过查看代码来明确其数据类型。

2. 用户自定义的数据类型

数据类型除系统提供的这几种以外,用户还可以根据实际需要,在应用过程中创建包含一个或多个 VBA 标准数据类型的数据类型,这就是用户自定义数据类型。

用户自定义数据类型可以在 Type...End Type 关键字间定义,其定义格式如下:

```
Type[数据类型名]
    <域名>As<数据类型>
    <域名>As<数据类型>
    ...
End Type
```

【例 9.3】 定义一个学生信息数据类型。

```
Type StudentType
```

```
    TxtID As String * 10          '学籍号,10位定长字符串
    TxtName As String             '姓名,变长字符串
    TxtSex As String * 1          '性别,1位定长字符串
    TxtAge As Integer             '年龄,整型
    TxtMajor As String            '专业,变长字符串
End Type
```

上述例子定义了由 TxtID(学籍号)、TxtName(姓名)、TxtSex(性别)、TxtAge(年龄)、TxtMajor(专业)5 个分量组成的名为 StudentType 的类型。

当需要建立一个变量来保存包含不同数据类型的数据表中的一条或多条记录时,用户自定义数据类型就特别有用。

用户定义数据类型赋值时要指明变量名和分量名,两者之间用".""(句点)分隔。例如,操作上述定义的类型变量的分量如下:

```
Dim NewStudent As StudentType
NewStudent.TxtID="2015021305"
NewStudent.TxtName="张超"
NewStudent.TxtSex="男"
NewStudent.TxtAge=21
NewStudent.TxtMajor="会计学"
```

也可以用关键字 With 简化程序中重复的部分,上述语句可简化为

```
Dim NewStudent As StudentType
With NewStudent
    .TxtID="2015021305"
    .TxtName="张超"
    .TxtSex="男"
    .TxtAge=21
    .TxtMajor="会计学"
End With
```

9.2.3　常量和变量

1. 常量

常量是在程序运行过程中保持不变的量,在 VBA 中有 3 种常量:直接常量、符号常量和系统常量。

(1) 直接常量。直接常量可以直接使用,在书写时写出数据的全部字符,包括定界符,如 10、"北京"、#2016-6-1# 等。

(2) 符号常量。在 VBA 编程过程中,对于一些经常使用的常量,可以用符号常量形式来表示。符号常量使用关键字 Const 来定义,格式如下:

```
Const 符号常量名称=常量值
```

例如,Const PI＝3.1415926 定义了一个符号常量 PI,它的值是 3.1415926。

符号常量的定义可以不指定常量的数据类型,VBA 会自动以存储效率最高的方式来确定其数据类型。符号常量定义后不允许用赋值语句对其重新赋值。符号常量一般要求大写命名,以便与变量区分。

(3) 系统常量。Access 系统内部包含若干个启动时就建立的系统常量,如 True、False、Yes、No、On、Off 和 Null 等。用户不能将这些内部常量的名字作为自定义常量或变量的名称。

2. 变量

1) 变量命名

变量是指在程序运行过程中值会发生变化的数据。变量名的命名规则如下:

(1) 长度不能超过 255 个字符。

(2) 必须以字母或汉字开头,可以包括字母、汉字、数字和下划线。

(3) 不能包含有空格或下划线(_)之外的其他符号。

(4) 不能使用 VBA 关键字。

(5) 不区分大小写字母。

2) 变量的声明

变量在使用前需要进行声明,变量声明就是定义变量名称及类型,使系统为变量分配存储空间。VBA 声明变量有三种方式:显式声明、隐式声明和强制声明。

(1) 显式声明。显式声明变量的语法格式如下:

```
Dim 变量名 [As 数据类型|类型符] [,变量名[As 数据类型|类型符]]
```

变量名后用 As 数据类型指明变量的数据类型,或在变量名后附加类型说明字符来指明变量的数据类型,若省略,则默认变量为 Variant 类型。

显式声明变量如下:

```
Dim x As String        'x 为字符串型变量
Dim y%,z#              'x 为整型变量,z 为双精度型变量
```

其中,Dim y%,z# 相当于 Dim y As Integer,z As Double。

(2) 隐式声明。隐式声明是指没有显式声明变量而直接为变量名赋值,或是在显式声明的 Dim 语句中省略 As 数据类型|类型符,即没有声明变量的数据类型时,默认为 Variant 数据类型。例如:

```
Dim i, j               'i、j 为变体 Variant 变量
NewStr=123             'NewStr 为 Variant 类型变量,值是 123
```

(3) 强制声明。在默认情况下,VBA 允许在代码中使用未声明的变量,如果强制要求所有的变量必须声明才能使用,则需要在模块设计窗口顶部的"通用-声明"区域中加入语句:Option Explicit。

3）数据库对象变量

Access 建立的数据库对象及其属性均可被当作 VBA 程序代码中的变量及其指定的值来加以引用。如窗体和报表的引用格式如下：

```
Forms!窗体名称!控件名称[.属性名称]
Reports!报表名称!控件名称[.属性名称]
```

其中，关键字 Forms 和 Reports 分别表示窗体或报表对象集合。感叹号"!"分隔开对象名和控件名称，"属性名称"部分默认，则为控件基本属性。

如对"学生成绩"窗体上的 s_id 文本框的操作：

```
Forms!学生成绩!s_id="s201510101"
```

4）数组变量

数组是一种特殊的数据，它可以连续存储某种数据类型的一组数据项，也称为数组元素变量。数组变量由变量名和数组下标构成，通常用 Dim 语句来定义数组，定义格式为：

```
Dim 数组名([下标下限]to 下标上限)
```

默认情况下，下标下限为 0，数组元素从"数组名(0)"至"数组名(下标上限)"；如果使用 to 选项，则可以安排非 0 下限。

```
Dim NewArray(5) As Integer    '定义了 6 个整型数据构成的数组,数组元素为 NewArray(0)
                               至 NewArray(5)
Dim NewArray(1 to 5) As Integer
                               '定义了 5 个整型数据构成的数组,数组元素为 NewArray(1)
                               至 NewArray(5)
```

VBA 也支持多维数组，可以在数组下标中加入多个值，并以逗号分开，由此来建立多维数组，最多可以定义 60 维。下面是定义一个三维数组 NewArray：

```
Dim NewArray(5,5,5) As Integer   '有 6 * 6 * 6=216 个元素
```

此外，VBA 还支持动态数组，其定义和使用的方法是：先用 Dim 显式定义数组但不指明数组元素数目，然后用 ReDim 关键字来决定数组包含的元素数。下面定义了一个动态数组：

```
Dim Arr() As Integer
...
ReDim Arr(3,3,3)
...
```

在实际应用中，当预先不知道数组需要定义多少个元素时，动态数组就非常有用了，如果不再需要动态数组包含的元素，可以使用 ReDim 将其设置为 0 个元素，以便释放该数组占用的内存空间。

数组的作用域、生命周期的规则和关键字的使用方法与传统变量的范围和持续时间的规则和关键字的用法相同。VBA 中,在模块的声明部分使用 Option Base 1 语句,可以将数组的默认下标下限由 0 改为 1。

9.2.4 常用标准函数

在 VBA 中,除了模块创建中可以定义子过程与函数过程完成特定功能外,还提供了近百个内置的标准函数,可以方便地完成许多操作。标准函数一般用于表达式中,其使用形式如下:

函数名([参数 1] [,参数 2]…)

其中,函数名必不可少,函数的参数放在函数名后的圆括号中,参数可以是常量、变量或表达式,可以有一个或多个,少数函数为无参函数。每个函数被调用时,都会返回一个返回值,函数的参数和返回值都有特定的数据类型对应。下面介绍一些常用标准函数的使用。

1. 数学函数

数学函数完成数学计算功能,常用数学函数如表 9-2 所示。

表 9-2　常用数学函数

函　数　名	函　数　功　能	例　　子
绝对值函数:Abs(<数值表达式>)	返回数值表达式的绝对值	Abs(−1)=1
向下取整函数:Int(<数值表达式>) 取整函数:Fix(<数值表达式>)	说明:Int 和 Fix 函数参数为正数时,结果相同;当参数为负数时,结果可能不同。Int 返回小于等于参数值的第一个负整数,而 Fix 返回大于等于参数值的第一个负整数	Int(4.3)=4 Int(−4.3)=−5 Fix(4.3)=4 Fix(−4.3)=−4
四舍五入函数:Round(<数值表达式>[,<表达式>])	按照指定的小数位数进行四舍五入运算。[,<表达式>]是进行四舍五入运算小数点右边应保留的位数	Round(4.3)=4 Round(4.889,2)=4.89
平方根函数:Sqr(<数值表达式>)	计算数值表达式的平方根	Sqr(4)=2
产生随机函数:Rnd(<数值表达式>)	产生一个 0 到 1 之间的随机数,为单精度类型	Rnd(5)=.3200134

2. 字符串函数

常用字符串函数如表 9-3 所示。

3. 日期/时间函数

日期/时间函数的功能是处理日期和时间。

表 9-3 常用字符串函数

函 数 名	函 数 功 能	例 子
字符串检索函数：InStr([Start,]＜Str1＞,＜Str2＞[,Compare])	检索子字符串 Str2 在字符串 Str1 中出现的位置,返回整型数。Start 为可选参数,设置检索的起始位置。如省略,从第一个字符开始检索。Compare 也为可选参数,指定字符串比较的方法。值可以为 1、2 和 0（默认）。指定 0（默认）做二进制比较,指定 1 做不区分大小写的文本比较,指定 2 做基于数据库中包含信息的比较。如指定了 Compare 参数,则一定要有 Start 参数	InStr(4,"siasAB","a",1)＝5
字符串长度检测函数：Len(＜字符串表达式＞或＜变量名＞)	返回字符串所含字符个数。注意：定长字符串,其长度是定义时的长度,和字符串的实际值无关	Len("siasAB")＝6
字符串截取函数：Left(＜字符串表达式＞,＜N＞)	从字符串左边起截取 N 个字符	Left("hello world",5)＝"hello"
字符串截取函数：Right(＜字符串表达式＞,＜N＞)	从字符串右边起截取 N 个字符	Right("hello world",5)＝"world"
字符串截取函数：Mid(＜字符串表达式＞,＜N1＞[,N2])	从字符串左边第 N1 个字符起截取 N2 个字符	Mid("hello world",7,5)＝"world"
生成空格字符函数：Space(＜数值表达式＞)	返回数值表达式的值指定的空格字符数	
大小写转换函数：Ucase(＜字符串表达式＞)	将字符串中的小写字母转换成大写字母	Ucase("hello")＝"HELLO"
大小写转换函数：Lcase(＜字符串表达式＞)	将字符串中的大写字母转换成小写字母	Lcase("HELLO")＝"hello"
删除空格函数：LTrim(＜字符串表达式＞)	删除字符串的开始空格	LTrim(" hello ")＝"hello "
删除空格函数：RTrim(＜字符串表达式＞)	删除字符串的尾部空格	RTrim(" hello ")＝" hello"
删除空格函数：Trim(＜字符串表达式＞)	删除字符串的开始和尾部空格	Trim(" hello ")＝"hello"

（1）获取系统日期和时间函数如表 9-4 所示。

表 9-4　获取系统日期和时间函数

函数名	函数功能	例子
Date()	返回当前系统日期	返回系统日期，如 2016-6-20
Time()	返回当前系统时间	返回系统时间，如 19:45:20
Now()	返回当前系统日期和时间	返回系统日期和时间，如 2016-6-20 19:45:20

（2）截取日期分量函数如表 9-5 所示。

表 9-5　截取日期分量函数

函数名	函数功能	例子（表达式的值为 #2016-6-20#）
Year(表达式)	返回年份	返回 2016
Month(表达式)	返回月份	返回 6
Day(表达式)	返回日期	返回 20
Weekday(表达式)	返回星期几	返回 2(2016-6-20 是星期一) 星期从"周日到周六"的编号是从"1 到 7"

（3）截取时间分量函数如表 9-6 所示。

表 9-6　截取时间分量函数

函数名	函数功能	例子（表达式的值为 #2016-6-20 19:45:20#）
Hour(表达式)	返回小时数(0~23)	返回 19
Minute(表达式)	返回分钟数(0~59)	返回 45
Second(表达式)	返回秒数(0~59)	返回 20

（4）其他日期/时间函数如表 9-7 所示。

表 9-7　其他日期/时间函数

函数名	函数功能	例子 (D = #2011-01-01 7:00:00#, D1 = #2012-07-01 5:15:00#)
DateAdd(<间隔类型>,<间隔值>,<表达式>)	对表达式表示的日期按照间隔类型加上指定的时间间隔值	DateAdd("yyyy",3,D) = #2014-01-01 7:00:00# DateAdd("m",3,D) = #2011-04-01 7:00:00#
DateDiff(<间隔类型>,<日期 1>,<日期 2>,[W1],[W2])	返回日期 1 和日期 2 之间按照间隔类型所指定的时间间隔数目	DateDiff("yyyy",D,D1)=1 DateDiff("m",D,D1)=18

续表

函 数 名	函 数 功 能	例 子 (D=♯2011-01-01 7:00:00♯, D1=♯2012-07-01 5:15:00♯)
DatePart(<间隔类型>,<日期>,[W1],[W2])	返回日期中按照间隔类型所指定的时间部分值	DatePart("yyyy",D)=2011 DatePart("m",D)=1
Dateserial(表达式1,表达式2,表达式3)	返回由表达式1值为年、表达式2值为月、表达式3值为日而组成的日期值	DateSerial(2015,10,29),返回♯2015-10-29♯ DateSerial(2015-1,11-2,15),返回♯2014-9-15♯

4. 类型转换函数

类型转换函数用于进行数据类型的转换,如表9-8所示。

表9-8 类型转换函数

函 数 名	函 数 功 能	例 子
字符串转换成字符代码函数: Asc(<字符串表达式>)	返回字符串首字符的 ASCII 值	Asc("cat")=99
字符代码转换字符函数: Chr(<字符代码>)	返回与字符代码相关的字符	Chr(99)="c"
数字转换字符串函数: Str(<数值表达式>)	将数字转换成字符串	Str(99)="99"
字符串转换数字函数: Val(<字符串表达式>)	将数字字符串转换成数值型数字	Val("99")=99
字符串转换日期函数: DateValue(<字符串表达式>)	将字符串转换为日期值	DateValue("February 11,2015")=♯2015-2-11♯

9.2.5 运算符和表达式

1. 运算符

在 VBA 编程语言中,提供许多运算符完成各种形式的运算和处理。根据运算形式不同,可以分成4种类型运算符:算术运算符、关系运算符、逻辑运算符和连接运算符。

1) 算术运算符

算术运算符用于算术运算,主要有乘幂(^)、乘法(*)、除法(/)、整数除法(\)、求模运算(Mod)、加法(+)及减法(-)7个运算符。

对于整数除法(\)运算,如果操作数有小数部分,系统会舍去后再运算,如果结果有小数也要舍去。对于求模运算(Mod),如果操作数是小数,系统会四舍五入变成整数后再运算,如果被除数是负数,余数也是负数,反之,如果被除数是正数,余数则为正数。

例如：

```
MyValue=10 Mod -4          '返回 2
```

2）关系运算符

关系运算符用来表示两个或多个值或表达式之间的大小关系，有等于（＝）、不等于（＜＞）、小于（＜）、大于（＞）、小于等于（＜＝）和大于等于（＞＝）6 个运算符。

运用上述 6 个比较运算符可以对两个操作数进行大小比较。比较运算的结果为逻辑值：True 或 False,依据比较结果判定。

例如：

```
10>5 返回 True; 5>10 返回 False
```

3）逻辑运算符

逻辑运算符用于逻辑运算，包括与（And）、或（Or）和非（Not）3 个运算符。

运用上述 3 个逻辑运算符可以对两个逻辑量进行逻辑运算。其结果仍为逻辑值,运算法则如表 9-9 所示。

表 9-9 逻辑运算符的运算法则

A	B	A And B	A Or B	Not A
True	True	True	True	False
True	False	False	True	False
False	True	False	True	True
False	False	False	False	True

4）连接运算符

连接运算符具有连接字符串的功能。包括"&"和"＋"两个运算符。

"&"用来强制两个表达式作字符串连接,例如连接式:"2＋3" & "=" & (2+3)的运算结果为字符串 2＋3＝5。"＋"运算符是当两个表达式均为字符串数据时,才将两个字符串连接成一个新字符串。如果连接式写为："2＋3"＋"＝"＋(2＋3),则系统会提示出错信息"类型不匹配"。

2. 表达式和优先级

将常量和变量用上述运算符连接在一起构成的式子就是表达式。例如 12 * 3/4－7 mod 24＞3 就是一个表达式。在 VBA 中,逻辑量在表达式里进行算术运算时,True 值被当成－1、False 值被当成 0 处理。

当一个表达式由多个运算符连接在一起时,运算进行的先后顺序由运算符的优先级决定。优先级高的运算先进行,优先级相同的运算依照从左向右的顺序进行。VBA 中常用运算符的优先级划分如表 9-10 所示。

表 9-10　运算符的优先级

优先级	高←			→低
高	算术运算符	连接运算符	关系运算符	逻辑运算符
	^		=	
	一(负数)		<>	
	*、/	字符串连接(&)	<	Not And Or
	\	字符串连接(+)	>	
	Mod		<=	
低	+、一		>=	

运算符的优先级说明如下：

(1) 算术运算符>连接运算符>关系运算符>逻辑运算符。

(2) 所有关系运算符的优先级相同。

(3) 算术运算符和逻辑运算符必须按表 9-10 所列的优先级顺序处理。

(4) 括号优先级最高，可以用括号改变优先顺序，强令表达式的某些部分优先运行。

9.3　流程控制语句

在 VBA 中，一条语句是能够完成某项操作的一条命令。VBA 程序就是由大量的语句构成。VBA 程序语句按照其功能不同分为两大类型：一是声明语句，用于给变量、常量或过程定义命名；二是执行语句，用于执行赋值操作、调用过程、实现各种流程控制。

执行语句可分为如下 3 种结构。

(1) 顺序结构：按照语句顺序依次执行，如赋值语句、过程调用语句等。

(2) 分支结构：又称选择结构，根据条件选择执行路径。

(3) 循环结构：重复执行某一段程序语句。

9.3.1　顺序结构

顺序结构是在程序执行时，根据程序中语句的书写顺序依次执行的语句序列，其程序执行的流程是按顺序完成操作的。顺序结构中常用到赋值语句。赋值语句是为变量指定一个值或表达式。通常以等号(＝)连接。其使用格式如下：

[Let]变量名=值或表达式

这里的 Let 为可选项。例如：

```
Dim txtSex As String
txtSex="女"
Debug.Print txtSex
```

这里首先定义了一个字符型变量 txtSex，然后对其赋值为"女"，最后将字符型变量

txtSex 的值输出在立即窗口中,语句按顺序执行。

9.3.2 分支结构

实际应用中,只是使用顺序结构是远远不能满足复杂问题的需求,如果要编写灵活的 VBA 程序,就要理解分支结构和循环结构的概念。分支结构是根据条件判断做相关决策来执行不同的操作。分支结构中主要使用以下一些语句。

1. If…Then 语句(单分支结构)

单分支结构的语句结构如下:

If<条件表达式>　Then<条件表达式为真时要执行的语句>

或

```
If<条件表达式>　Then
    <条件表达式为真时要执行的语句序列>
End If
```

其功能是先计算条件表达式,当表达式的值为 True 时,执行语句或语句序列。

【例 9.4】 编写一个程序,输入考试成绩,如果成绩大于等于 60 分则显示:"考试及格,放松一下!"。

操作步骤如下:

(1) 打开 VBE 窗口,创建一个模块。

(2) 在代码窗口中输入以下代码。

```
Private Sub Test1()
    Dim m As Integer
    m=InputBox("请输入考试分数")
    If m>=60 Then MsgBox "考试及格,放松一下!"
End Sub
```

(3) 单击 VBE 窗口"标准"工具栏中的"运行子过程/用户窗体"按钮,弹出对话框,输入考试分数"89",如图 9-4 所示。单击"确定"按钮,弹出如图 9-5 所示的消息框。

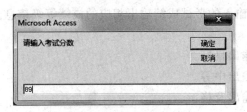

图 9-4 输入考试分数对话框

图 9-5 显示结果对话框

(4) 保存模块。

2. If…Then…Else 语句(双分支结构)

双分支结构的语句结构如下:

```
If<条件表达式>Then
    <条件表达式为真时要执行的语句序列>
Else
    <条件表达式为假时要执行的语句序列>
End If
```

【例 9.5】 编写一个程序,输入考试成绩,如果成绩大于等于 60 分显示:"考试及格,放松一下!",如果成绩小于 60 分,则显示"很遗憾,还需继续努力!"。

代码如下:

```
Private Sub Test2()
    Dim m As Integer
    m=InputBox("请输入考试分数")
    If m>=60 Then
        MsgBox "考试及格,放松一下!"
    Else
        MsgBox "很遗憾,还需继续努力!"
    End If
End Sub
```

3. If…Then…ElseIf 语句(多分支结构)

多分支结构的语句结构如下:

```
If<条件表达式 1>Then
    <语句序列 1>
ElseIf<条件表达式 2>Then
    <语句序列 2>
ElseIf<条件表达式 3>Then
    <语句序列 3>
…
[Else
    <语句序列 n>]
End if
```

【例 9.6】 编写一个程序,根据用户输入的考试成绩输出相应的成绩等级信息。

- 成绩大于等于 90 分,输出优秀。
- 成绩大于等于 80 分小于 90 分,输出良好。
- 成绩大于等于 70 分小于 80 分,输出中等。
- 成绩大于等于 60 分小于 70 分,输出及格。
- 成绩小于 60 分,输出不及格。

代码如下:

```
Private Sub Test3()
    Dim m As Integer
    m=InputBox("请输入考试分数")
```

```
    If m>=90 Then
        MsgBox "优秀"
    ElseIf m>=80 Then
        MsgBox "良好"
    ElseIf m>=70 Then
        MsgBox "中等"
    ElseIf m>=60 Then
        MsgBox "及格"
    Else
        MsgBox "不及格"
    End If
End Sub
```

4. Select Case…End Select 语句

VBA 提供的 Select Case…End Select 语句结构可以很方便地解决条件较多的这类问题。使用格式如下：

```
Select Case 表达式
    Case 表达式 1
        表达式的值与表达式 1 的值相等时执行的语句序列
    [Case 表达式 2 to 表达式 3]
        [表达式的值介于表达式 2 的值和表达式 3 的值之间时执行的语句序列]
    [Case Is 关系运算符 表达式 4]
        [表达式的值与表达式 4 的值之间满足关系运算为真时执行的语句序列]
    [Case Else]
        [上面情况均不符合时执行的语句序列]
End Select
```

Case 表达式可以是下列四种格式之一。

(1) 单一数值或一行并列的数值，用来与"表达式"的值相比较，成员间以逗号隔开。

(2) 由关键字 to 分隔开的两个数值或表达式之间的范围。前一个值必须比后一个值小，否则没有符合条件的情况。字符串的比较是从它们的第一个字符的 ASCII 码值开始比较的，直到分出大小为止。

(3) 关键字 Is 接关系运算符，如<>、<、<=、=、>=或>，后面再接变量或精确的值。

(4) 关键字 Case Else 后的表达式，是在前面的 Case 条件都不满足时执行的。

Case 语句是依次测试的，并执行第一个符合 Case 条件的相关程序代码，即使再有其他符合条件的分支也不会再执行。

如果没有找到符合条件的，且没有 Case Else 语句，则程序从接在 End Select 终止语句的下一行程序代码继续执行下去。

【例 9.7】 使用 Select Case…End Select 语句实现例 9.6 的功能。

代码如下：

```
Private Sub Test4()
    Dim m As Integer
    m=InputBox("请输入考试分数")
    Select Case m
        Case Is>=90
            MsgBox "优秀"
        Case 80 to 90                '也可以用 Case Is>=80
            MsgBox "良好"
        Case 70 to 80                '也可以用 Case Is>=70
            MsgBox "中等"
        Case 60 to 70                '也可以用 Case Is>=60
            MsgBox "及格"
        Case Else
            MsgBox "不及格"
    End Select
End Sub
```

5. 条件函数

除上述条件语句结构外,VBA 还提供 3 个函数来完成相应的选择操作。

(1) IIf 函数。IIf 函数的格式如下:

```
IIf(条件式,表达式 1,表达式 2)
```

该函数是根据"条件式"的值来决定函数返回值。"条件式"值为"真(True)",函数返回"表达式 1"的值;"条件式"值为"假(False)",函数返回"表达式 2"的值。

例如,将变量 x 和 y 中较大的值存放在变量 Max 中。

```
Max=IIf(x>y, x, y)
```

(2) Switch 函数。Switch 函数的格式如下:

```
Switch(条件式 1,表达式 1[,条件式 2,表达式 2[,条件式 n,表达式 n]])
```

该函数是分别根据"条件式 1""条件式 2"直至"条件式 n"的值来确定函数返回值。条件是由左至右进行计算判断的,而表达式则会在第一个相关的条件为 True 时作为函数返回值返回。如果其中有部分不成对,则会产生一个运行错误。

例如,根据变量 x 的值来为变量 y 赋值。

```
y=Switch(x>0, 1, x=0,0, x<0,-1)
```

(3) Choose 函数。Choose 函数的格式如下:

```
Choose(索引式,选项 1[,选项 2...[,选项 n]])
```

该函数是根据"索引式"的值来返回选项列表中的某个值。"索引式"值为 1,函数返回"选项 1"的值,"索引式"值为 2,函数返回"选项 2"的值,以此类推。这里,只有在"索引式"的值介于 1 和可选择的项目数之间,函数才返回其后的选项值,当"索引式"的值小于 1

或大于列出的选择项数目时,函数返回无效值(Null)。

例如,返回当前日期对应的星期中文名称。

```
Choose(Weekday(Date),"星期日","星期一","星期二","星期三","星期四","星期五","星期六")
```

以上3个函数由于具有选择特性而被广泛用于查询、宏和计算控件的设计中。

9.3.3 循环结构

循环结构可以实现重复执行一行或几行程序代码的功能。VBA 支持以下几种循环语句:For…Next、Do While…Loop、Do…Loop Unitl、Do Until…Loop、Do…Loop While 和 While…Wend。

1. For…Next 语句

For…Next 语句能够重复执行程序代码区域特定的次数,使用格式如下:

```
For 循环变量=初值 to 终值 [步长]
    循环体
        [Exit For]
Next [循环变量]
```

For…Next 语句的执行步骤如下:

(1) 循环变量取初值。

(2) 循环变量与终值比较,确定循环是否进行。

① 当步长>0 时,若循环变量值<＝终值,循环继续,执行步骤(3);若循环变量值>终值,循环结束,退出循环体。

② 当步长＝0 时,若循环变量值<=终值,死循环;若循环变量值>终值,一次也不执行循环。

③ 当步长<0 时,若循环变量值>＝终值,循环继续执行步骤(3);若循环变量值<终值,循环结束,退出循环体。

(3) 执行循环体。

(4) 循环变量值增加步长(循环变量=循环变量+步长),程序跳转至步骤(2)。

循环变量的值如果在循环体内不被更改,则循环执行次数可以使用公式"循环次数＝(终值－初值＋1)/步长"计算。例如,如果初值=5,终值＝10,且步长＝2,则循环体的执行重复(10−5+1)/2=3。但如果循环变量的值在循环体内被更改,则不能使用上述公式来计算循环次数。

【例 9.8】 分析下列程序段的循环结构。

```
For k=5 to 10 Step 2
    K=2 * k
Next k
```

按照上述公式计算,循环次数为(10−5+1)/2=3(次),但实际上,该循环的循环次数是 1 次。即循环变量先后取值 5 和 12,循环执行一次后,循环变量值为 12,超过终值 10,循环结束。

步长为 1 时,关键字 Step 可以省略。如果终值小于初值,步长要取负值;否则,For…Next 语句会被忽略,循环体一次也不执行。

Exit For 语句可以组织在循环体中,用来提前中断并退出循环。For…Next 循环结束后,则程序从 Next 的下一行语句继续执行。在实际应用中,For…Next 循环还经常与数组配合来操作数组元素。

【例 9.9】 编写一个程序,在立即窗口中显示由星号(*)组成的 5×5 的正方形。

代码如下:

```
Private Sub Test5()
    Const max=5
    Dim X as String,n as integer
    X=" "
    For n=1 to max
        X=X+" * "
    Next n
    For n=1 to max
        Debug.Print x
    Next n
End Sub
```

2. Do While…Loop 语句

Do While…Loop 语句的使用格式如下:

```
Do While<条件式>
    循环体
        [Exit Do]
Loop
```

这个循环结构是在条件式结果为真时,执行循环体,并持续到条件式结果为假或执行到 Exit Do 语句而退出循环,可能执行 0 次。

【例 9.10】 通过 Do While…Loop 语句输出从 1 到 10 分别乘以 10 的结果。

代码如下:

```
Private Sub Test6()
    Dim num As Integer
    Dim result As Integer
    num=1
    Do While num<=10
        result=num * 10
        Debug.Print num & "×10=" & result
        num=num+1
    Loop
```

```
End Sub
```

例9.9和例9.10中子过程的运行结果,如图9-6和图9-7所示。

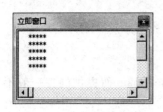

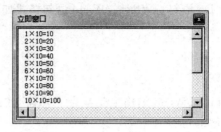

图9-6 例9.9的运行结果　　　　　　　　图9-7 例9.10的运行结果

3. Do…Loop Until 语句

Do…Loop Until 语句的使用格式如下:

```
Do
    循环体
    [Exit Do]
Loop Until 条件式
```

Do…Loop Until 语句是先执行循环体一次,然后进行判断,如果条件为真就退出循环,如果条件为假就继续循环。所以,此种循环结构即使开始条件为假,循环体至少执行一次。

4. Do Until…Loop 语句

Do Until…Loop 结构与 Do While…Loop 结构相对应,该结构是条件式值为假时,重复执行循环,直至条件式值为真,结束循环,可能执行 0 次。

使用格式如下:

```
Do Until<条件式>
    循环体
    [Exit Do]
Loop
```

5. Do…Loop While 语句

Do…Loop While 结构与 Do…Loop Until 结构相对应,当该结构的条件式值为真时,重复执行循环,直至条件式值为假,结束循环,至少执行一次。

使用格式如下:

```
Do
    循环体
    [Exit do]
Loop While 条件式
```

6. While…Wend 语句

While…Wend 循环与 Do While…Loop 结构类似,但不能在 While…Wend 循环中使用 Exit Do 语句。While…Wend 语句格式如下:

```
While 条件式
    循环体
Wend
```

While…Wend 结构主要是为了兼容 QBasic 和 QuickBasic 而提供的。一般不常用,只需了解即可。

9.4 VBA 过程

9.4.1 过程调用

1. 子过程的定义和调用

子过程的定义包括用 Sub 语句声明一个新的子过程、接收的参数和子过程代码。其定义格式如下:

```
[Public | Private] [Static] Sub 子过程名([<形参>])
    [<子过程语句>]
    [Exit Sub]
    [<子过程语句>]
End Sub
```

使用 Public 关键字可以使这个过程适用于所有模块中的所有其他过程;用 Private 关键字可以使该子过程只适用于同一模块中的其他过程。当把一个子过程声明为模块对象中的私有子过程时,就不能从查询、宏或另一个模块中的子过程调用这个子过程。使用 Static 表示子过程是静态子过程,只要含有这个过程的模块是打开的,则所有在这个过程中无论是显式还是隐含说明的变量值都将被保留。

子过程的调用形式有以下两种:

```
Call 子过程名([<实参>])
```

或

```
子过程名[<实参>]
```

【例 9.11】 编写一个打开指定窗体的子过程 OpenForms()。
代码如下:

```
Sub OpenForms(strFormName As String)
                        '打开窗体过程参数 strFormName 为需要打开的窗体名称
    If strFormName=" " Then
        MsgBox"打开窗体名称不能为空!",vbCritical,"警告"
```

```
    Exit Sub              '若窗体名称为空,显示"警告"消息,结束过程运行
  End If
  Docmd.OpenForm strFormName        '打开指定窗体
End Sub
```

如果此时需要调用该子过程打开名为"学生管理主界面"的窗体,只需在主调过程合适位置增添以下调用语句。

```
Call OpenForms("学生管理主界面")
```

或

```
OpenForms "学生管理主界面"
```

2. 函数过程的定义和调用

函数过程的定义包括使用 Function 语句定义一个新函数过程、接收的参数、返回的变量类型及运行该函数过程的代码。其定义格式如下:

```
[public|private] [static] Function 函数过程名([<形参>])[As 数据类型]
    [<函数过程语句>]
    [函数过程名=<表达式>]
    [Exit Function]
    [<函数过程语句>]
    [函数过程名=<表达式>]
End Function
```

可以在函数过程名末尾使用一个类型声明字符或使用 As 子句来声明被这个函数过程返回的变量数据类型。否则 VBA 将自动赋给该函数过程一个最合适的数据类型。函数过程的调用形式只有一种,格式如下:

```
函数过程名([<实参>])
```

由于函数过程会返回一个数据,在实际应用中,函数过程的上述调用形式主要有以下两种用法。

一种是将函数过程返回值作为赋值成分赋予某个变量,其格式为

```
变量=函数过程名([<实参>])
```

另一种是将函数过程返回值作为某个过程的实参成分使用。

【例 9.12】　编写一个求解圆面积的函数过程 Area()。

代码如下:

```
Function Area(R As Single) As Single
'新建函数 Area,接收单精度型参数 R,返回一个单精度型值
    If  R<=0  Then
        MsgBox "圆的半径必须是正数值!", vbCritical, "警告"
        Area=0              '若圆半径<=0设置函数过程返回 0 值
        Exit Function       '结束过程运行
```

```
        End If
        Area=3.14 * R * R                '求半径为 R 的圆的面积 Area
End Function
```

如果此时需要调用该函数过程计算半径为 5 的圆的面积,只要调用函数 Area(5)即可。

9.4.2 参数传递

由上述过程定义可以看到,过程定义时可以设置一个或多个形参(形式参数简称),多个形参之间用逗号分隔。其中,每个形参的完整定义格式为:

```
[Optional] [ByVal | ByRef] [ParamArray] Varname[()]  [As Type] [=Defaultvalue]
```

参数说明如下。

- Optional:可选项,表示参数不是必需。如果使用了 ParamArray,则任何参数都不能使用 Optional。
- ByVal:可选项,表示该参数按值传递。
- ByRef:可选项,表示该参数按地址传递,ByRef 是 VBA 的默认选项。
- ParamArray:可选项,只用于形参的最后一个参数,指明最后这个参数是一个 Variant 元素的 Optional 数组。使用 ParamArray 关键字可以提供任意数目的参数。但 ParamArray 关键字不能与 ByVal、ByRef 或 Optional 一起使用。
- Varname:必需的,形参名称,遵循标准的变量命名约定。
- As Type:可选项,传递给该过程的参数数据类型。
- Defaultvalue:可选项,任何常量或常量表达式。只对 Optional 参数合法。

含参数的过程被调用时,主调过程中的调用式必须提供相应的实参(实际参数简称),并通过实参向形参传递的方式完成过程操作。关于实参向形参的数据传递,还需了解以下内容。

(1)实参可以是常量、变量或表达式。

(2)实参数目和类型应该与形参数目和类型相匹配。除非形参定义含 Optional 和 ParamArray 选项。

(3)传值调用(ByVal 选项)的"单向"作用形式与传址调用(ByRef 选项)的"双向"作用形式。

过程定义时,如果形式参数被说明为传值(ByVal 项),则过程调用只是相应位置实参的值"单向"传送给形参处理,而被调用过程内部对形参的任何操作引起的形参值的变化均不会反馈、影响实参的值。由于这个过程,数据的传递只有单向性,故称为"传值调用"的"单向"作用形式。反之,如果形式参数被说明为传址(ByRef 项),则过程调用是将相应位置实参的地址传送给形参处理,而被调用过程内部对形参的任何操作引起的形参值的变化又会反向影响实参的值。在这个过程中,数据的传递具有双向性,故称为"传址调用"的"双向"作用形式。

需要指出的是,实参提供可以是常量、变量或表达式 3 种方式之一。常量与表达式在传递时,形参即便是传址(ByRef 项)说明,实际传递的也只是常量或表达式的值,这种情况下,过程参数"传址调用"的"双向"作用形式就不起作用。但实参是变量、形参是传址(ByRef 项)说明时,可以将实参变量的地址传递给形参,这时,过程参数"传址调用"的"双向"作用形式就会产生影响。

【例9.13】 举例说明有参过程调用。其中主调过程 Test_Click(),被调过程 GetData()。

主调过程代码如下:

```
Private Sub Test_Click()
    Dim J As Integer
    J=5                      '为变量 J 赋初始值为 5
    Call GetData(J)          '调用过程,传递实参 J(实际上是 J 地址)
    MsgBox J                 '测试观察实参 J 值的变化(消息框显示 J 值)
End Sub
```

被调过程代码如下:

```
Private Sub GetData(ByRef f As Integer)
                             '形参 f 被说明为 ByRef 传址形式的整型量
    f=f+2                    '表达式改变形参的值
End Sub
```

当运行 Test_Click()过程,并调用 GetData()后,执行 MsgBox J 语句,会显示实参变量 J 的值已经变化为 7,即被调过程 GetData()中形参 f 变化到最后的值 7(=5+2)。表明变量的过程参数"传址调用"的"双向"作用有效。

如果将主调过程 Test_Click()中的调用过程语句 Call GetData(J)换成常量 Call GetData(5)或表达式 Call GetData(J+1),运行并测试后会发现,执行 MsgBox J 语句后,显示实参变量 J 的值依旧为 5。这表明常量和表达式的过程参数"传址调用"的"双向"作用无效。

总之,在有参过程的定义和调用中,形参的形式及实参的组织有很多变化。如果充分了解不同的使用方式,就可以极大提高模块化编程能力。

9.5 VBA数据库编程

9.5.1 数据库引擎及其访问技术

数据库引擎实际上是一组动态链接(DLL),当程序运行时被连接到 VBA 程序而实现对数据库的数据访问功能。数据库引擎是应用程序与物理数据之间的一个桥梁,它是以一种通用接口的方式,使各种类型的物理数据库对用户都具有统一的形式和相同的数据访问与处理方法。

在 VBA 中主要提供了3种数据库访问接口:开放数据库互联应用编程接口(Open DataBase Connectivity API,ODBC API)、数据访问对象(Data Access Objects,DAO)和

ActiveX 数据对象(ActiveX Data Objects,ADO)。本节主要介绍使用 ADO 对象访问数据库的方法。

9.5.2 ActiveX 数据对象(ADO)

1. ADO 对象

ADO 即 ActiveX 数据对象,是 Microsoft 公司在 OLE-DB 上提出的一种逻辑接口,以便编程者通过 OLE-DB 更简单地以编程方式访问各种各样的数据源。OLE-DB 是以 ActiveX 技术为基础的数据访问技术,其目的是提供一种能够访问多种数据源的通用数据访问技术。ADO 的优点主要体现在以下几个方面。

(1) ADO 将访问数据源的过程抽象成几个容易理解的具体操作,并由实际的对象来完成,因而使用起来简单方便。

(2) 采用了 ActiveX 技术,与具体的编程语言无关,可应用在 Visual Basic、C++、Java 等各种程序设计语言中。

(3) ADO 能够访问各种支持 OLE-DB 的数据源,包括数据库和其他文件、电子邮件等数据源。

(4) ADO 既可以应用于网络环境,也可以应用于桌面应用程序。

2. 使用 ADO 访问数据库

通过 ADO 编程实现数据库访问时,首先要创建对象变量,然后通过对象方法和属性来进行操作。ADO 访问数据源的具体过程如下:

(1) 建立与数据源的连接。

(2) 指定访问数据源的命令,并向数据源发出命令。

(3) 从数据源以行的形式获取数据,并将数据暂存在内存的缓存中。

(4) 如果需要,可对获取的数据进行查询、更新、插入、删除等操作。

(5) 如果对数据源进行了修改,将更新后的数据发回数据源。

(6) 断开与数据源的连接。

3. ADO 对象模型

ADO 是基于组件的数据库编程接口,它是一个和编程语言无关的 COM 组件系统,可以对来自多种数据提供者的数据进行读取和写入操作,ADO 提供的主要对象及功能如下:

(1) Connection 对象。Connection 对象主要负责与数据库建立的连接动作,代表与数据源的唯一会话。

(2) Command 对象。Command 对象负责对数据库提供请求,传递指定的 SQL 命令。使用该对象可以查询数据库并返回 RecordSet 对象中的记录,以便执行大量操作或修改数据库结构。

(3) RecordSet 对象。RecordSet 对象是最常用的 ADO 对象。RecordSet 对象实现数据的获取、结果的检验以及数据库的更新。可以依照查询条件获取或显示所要的数据列与记录。RecordSet 对象会保留每项查询返回的记录所在的位置,以便逐项查看结果。

（4）Field 对象。Field 对象用来访问当前记录中的每一列的数据，可以用 Field 对象创建一个新记录、修改已存在的数据等，也可以用 Field 对象访问表中每一个字段的属性。

（5）Error 对象。Error 对象包含有关数据访问错误的详细信息，这些错误与操作者的单个操作有关。在数据库应用程序设计中通过 Error 对象可以很方便地捕获错误并对错误进行处理。

4. 主要 ADO 对象的操作

1）连接数据源

创建数据库的连接，主要使用 Connection 对象的 Open 方法。

```
Dim mycnn As new ADODB.Connection        '创建 Connection 对象实例
mycnn.open[ConnectionString] [,UserID] [,PassWord] [,OpenOptions]   '打开连接
```

参数说明如下。

- ConnectionString：可选项，主要为数据库的连接信息。最重要的是显示 OLE-DB 等环节数据提供者的信息。不同类型的数据源连接需要用规定的数据提供者。可以在连接对象操作 Open 之前在其 Provider 属性中设置数据提供者信息。如 mycnn 连接对象的数据提供者可以设置为：

```
mycnn.Provider="Microsoft.ACE.OLEDB.12.0"
```

- UserID：建立连接的用户名，可选项。
- PassWord：建立连接的用户密码，可选项。
- OpenOptions：可选项，可以通过设置 adConnectAsync 属性实现异步打开连接。

在使用 Connection 对象打开连接之前，通常还需要使用 CursorLocation 属性来设置记录集游标的位置。其语法格式为：

```
mycnn.CursorLocation=Location
```

Location 指明了记录集存放的位置。具体参数取值如表 9-11 所示。

表 9-11 Location 取值

常　量	值	说　明
adUseServer	2	数据提供者或驱动程序提供的服务器端游标
adUseClient	3	本地游标库提供的客户端游标

2）打开记录集对象或执行查询

打开记录集对象或执行查询的方法有 3 种：记录集的 Open 方法、Connection 对象的 Execute 方法、Command 对象的 Execute 方法。

（1）记录集的 Open 方法。语法格式如下：

```
Dim myrs As new ADODB.RecordSet          '创建 RecordSet 对象实例
'打开记录集
```

```
myrs.Open[Source] [,ActiveConnection] [,CursorType] [,LockType] [,Options]
```

（2）Connection 对象的 Execute 方法。语法格式如下：

```
Dim mycnn As new ADODB.Connection          '创建 Connection 对象实例
'打开连接
Dim rs As new ADODB.RecordSet              '创建 RecordSet 对象实例
'返回记录集的命令字符串
Set rs=mycnn.Execute(CommandText[,RecordsAffected] [,Options])
'不返回记录集的命令字符串,执行查询
mycnn.Execute CommandText[,RecordsAffected] [,Options]
```

（3）Command 对象的 Execute 方法。语法格式如下：

```
Dim mycnn As new ADODB.Connection
Dim mycmm As new ADODB.Command
Dim rs As new ADODB.RecordSet
Set rs=mycmm.Execute([RecordsAffected] [,Parameters] [,Options])
mycmm. Execute[RecordsAffected] [,Parameters] [,Options]
```

3）使用记录集

（1）定位记录。在 ADO 对象中，Access 提供了多种定位和移动记录指针的方法，主要包括 Move、MoveFirst、MoveLast、MoveNext 和 MovePrevious 等方法。

语法格式如下：

```
myrs. Move NumRecords[,Start]
myrs.{MoveFirst | MoveLast | MoveNext | MovePrevious}'myrs 为 RecordSet 对象
```

参数说明如下。

- NumRecords：表示指定当前记录位置移动的记录数。
- Start：可选项，取 String 值或 Variant，主要用于计算书签。
- MoveFirst：表示将当前记录位置移动到第一条记录。
- MoveLast：表示将当前记录位置移动到最后一条记录。
- MoveNext：表示将当前记录位置移动到下一条记录。
- MovePrevious：表示将当前记录位置移动到上一条记录。

（2）检索记录。借助 ADO 对象检索记录时，可以使用 ADO 对象提供的 Find 和 Seek 两种方法。

语法格式如下：

```
myrs.Find  Criteria[,SkipRows] [,SearchDirection] [,Start]
myrs.Seek KeyValues,SeekOption
```

参数说明如下。

- Criteria：String 值，一般为搜索的列名、值或者比较操作符等语句。在使用 Criteria 时，只能指定单列名称，不能多列搜索。
- SkipRows：可选项，默认值为 0，使用时从指定当前行或书签的行偏移量处开始搜索。

- SearchDirection：可选项。在使用时，可以指定搜索从当前行开始，还是从搜索方向的下一有效行开始。

（3）添加新记录。添加新记录时，一般使用 ADO 对象的 AddNew 方法。

语法格式如下：

```
rs.AddNew[FieldList][,Values]
```

参数说明如下。

- FieldList：可选项，可以是一个字段数组，也可以是一个字段名。
- Values：可选项，主要为需要添加信息的字段赋值。

（4）更新记录。更新记录与记录重新赋值区别不大，使用 SQL 语句将要修改的记录字段数据找出来并重新赋值即可。

（5）删除记录。采用 Delete 方法，相比 ADO 对象而言可以删除一组记录。

语法格式如下：

```
rs.Delete[AffectRecords]
```

参数说明如下。

AffectRecords：负责记录删除的效果，其有两个常量 adAffectCurrent 和 adAffectGroup，取值分别为 1 和 2。adAffectCurrent 表示删除当前的记录，adAffectGroup 表示删除符合特定条件的记录。

在对记录进行操作时，通常 Recordset 对象中的字段，可以使用字段编号，一般字段编号是从 0 开始。

4）关闭连接或记录集

关闭连接或记录集使用方法为 Close，语法格式如下：

```
Object.Close          'Object 为 ADO 对象
Set Object=Nothing
```

【例 9.14】 在 StudentManage 数据库中，使用 Connection 对象和 RecordSet 对象创建记录集，输出 Student 表中所有学生的姓名。

代码如下：

```
Sub adoconnection()
    Dim mycnn As New ADODB.Connection
    mycnn.Open " Provider = Microsoft.ACE.OLEDB.12.0;Persist Security Info =
    False;User ID=Admin;Data Source=D:\Access\StudentManage.accdb; "
    Dim myrs As New ADODB.Recordset
    myrs.ActiveConnection=mycnn
    myrs.Open "SELECT * FROM student"
    Do While Not myrs.EOF
        Debug.Print myrs("s_name")
        myrs.MoveNext
```

```
        Loop
        myrs.Close
        mycnn.Close
        Set myrs=Nothing
        Set mycnn=Nothing
    End Sub
```

本章小结

本章主要学习 VBA 编程的基础知识,在 Access 中,编程是通过模块对象实现的,利用模块可以将各种数据库对象连接起来,从而构成一个功能更强大、更灵活的系统。主要内容如下:

- 模块是用 VBA 语言编写的程序集合,以函数过程(Function)或子过程(Sub)为单元的集合方式存储。
- 模块分为标准模块和类模块两种类型。
- VBA 语言中变量和常量的使用。
- VBA 语言中常用标准函数及功能。
- VBA 语言中的执行语句分为 3 种结构:顺序结构、分支结构和循环结构。
- 分支结构主要使用 If…Then 语句、If…Then…Else 语句、If…Then…ElseIf 语句和 Select Case…End Select 语句。
- 循环结构主要使用 For…Next 语句、Do…Loop 语句和 While…Wend 语句。
- 子过程和函数过程的定义和调用方法,以及参数传递的方式。
- ActiveX 数据对象(ADO)的介绍与主要 ADO 对象的操作。

思考与习题

1. 选择题

(1) 下列给出的选项中,非法的变量名是(　　)。

    A. Sum　　　　　　B. Integer_2　　　　C. Rem　　　　　　D. Form1

(2) 在模块的声明部分使用 Option Base 1 语句,然后定义二维数组 A(2 to 5,5),则该数组的元素个数为(　　)。

    A. 20　　　　　　　B. 24　　　　　　　　C. 25　　　　　　　D. 36

(3) 如果在被调用的过程中改变了形参变量的值,但又不影响实参变量本身,这种参数传递方式称为(　　)。

    A. 按值传递　　　B. 按地址传递　　　C. ByRef 传递　　　D. 按形参传递

(4) 运行下列程序段的结果是(　　)。

```
For m=10 to 1 step 0
    k=k+3
```

```
Next m
```

A. 形成死循环   B. 循环体不执行即结束循环

C. 出现语法错误   D. 循环体执行一次后结束循环

(5) 下列四个选项中,不是 VBA 条件函数的是(   )。

A. Choose   B. If   C. IIf   D. Switch

(6) 运行下列程序段的结果是(   )。

```
Private Sub Command32_Click()
    Dim f0 As Integer, f1 As Integer, k As Integer, f As Integer
    f0=1 : f1=1 : k=1
    Do While k<=5
        f=f0+f1
        f0=f1
        f1=f
        k=k+1
    Loop
    MsgBox "f=" & f
End Sub
```

A. f = 5   B. f = 7   C. f = 8   D. f = 13

(7) 在窗体中添加一个名称为 Command1 的命令按钮,然后编写如下事件代码:

```
Private Sub Command1_Click()
MsgBox f(24,18)
End  Sub
Public Function f(m As Integer,n As Integer)As Integer
    Do While m<>n
        Do While  m>n
            m=m-n
        Loop
        Do While  m<n
            n=n-m
        Loop
    Loop
    f=m
End Function
```

窗体打开运行后,单击命令按钮,则消息框的输出结果是(   )。

A. 2   B. 4   C. 6   D. 8

(8) 在窗体上有一个命令按钮 Command1,编写事件代码如下:

```
Private Sub Command1_Click()
    Dim d1 As Date
    Dim d2 As Date
    d1=# 12/25/2009#
```

```
      d2=# 1/5/2010#
      MsgBox DateDiff("ww", d1, d2)
  End Sub
```

打开窗体运行后,单击命令按钮,消息框中输出的结果是(   )。

    A. 1   B. 2   C. 10   D. 11

(9) 下列程序的功能是返回当前窗体的记录集:

```
Sub GetRecNum()
    Dim rs As Object
    Set rs=【      】
    MsgBox   rs.RecordCount
End Sub
```

为保证程序输出记录集(窗体记录源)的记录数,【   】中应填入的语句是(   )。

    A. Me. Recordset   B. Me. RecordLocks

    C. Me. RecordSource   D. Me. RecordSelectors

(10) 有如下事件程序,运行该程序后输出结果是(   )。

```
Private Sub Command33_Click()
    Dim x As Integer, y As Integer
    x=1: y=0
    Do Until y<=25
        y=y+x * x
        x=x+1
    Loop
    MsgBox "x=" & x & ", y=" & y
End Sub
```

    A. x=1,y=0   B. x=4,y=25   C. x=5,y=30   D. 输出其他结果

2. 填空题

(1) 模块可以分为_____和_____两种类型。

(2) Access 以_____作为 VBA 开发环境。

(3) VBA 语言中的执行语句分为 3 种结构,分别是_____、_____、_____。

(4) VBA 支持以下几种循环语句:_____、_____、_____。

(5) 若使用记录集对象 rs 进行记录定位,将当前记录位置移动到第一条记录的方法是_____。

3. 思考题

(1) 什么是模块? 模块有哪几种类型?

(2) Sub 子过程和 Function 函数过程有什么区别?

(3) VBA 语句的书写规则有哪些?

(4) 循环结构支持的循环语句有哪些?

(5) VBA 中主要提供了哪几种数据库访问接口?

4. 操作题

（1）编写一个程序，计算 $1+2+3+\cdots+100$ 的和，并输出到立即窗口。

（2）要求使用 Select Case…End Select 语句判断用户输入的一个字符是否为元音字母。

说明：元音字母即为英文字母的"a、e、i、o、u"。当输入一个字符时，如果该字符是"a、e、i、o、u"中的任意一个，则输出"你输入的 x 是元音字母"，否则就输出"你输入的 x 不是元音字母"（x 代表具体的元音字母值）。

（3）请使用 For…Next 循环输出九九乘法表。

（4）编写一个程序通过 Do While…Loop 语句输出 1 到 200 之间能被 3 整除的数。

（5）编写一个函数 $P(N)$ 计算 $1+2+3+\cdots+N$ 的和，然后给窗体上的按钮编写一个事件过程来调用函数 $P(N)$，输出函数值。

第 10 章

Access 2010综合应用实例

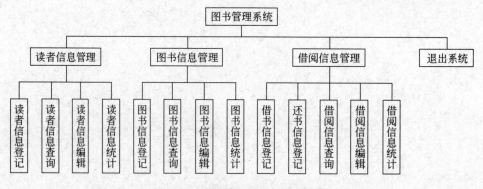

情景导入

　　数据管理功能需要通过开发数据库应用系统来实现。数据库应用系统可以分为 C/S（客户/服务器）模式应用系统和 B/S（浏览器/服务器）模式应用系统。

　　本章将通过两个综合应用实例，讲解建立数据库应用系统的方法和步骤。

10.1 图书管理系统

10.1.1 图书管理系统的需求分析

　　图书管理系统是一个 C/S 模式的数据库应用系统，主要实现对读者信息、图书信息与借阅信息的管理。具体包括读者信息、图书信息、借书与还书信息的登记、查询、编辑与统计功能，其中编辑功能主要是实现对信息的浏览、修改、保存、撤销修改、删除以及打印等操作。图书管理系统的功能模块如图 10-1 所示，系统主界面如图 10-2 所示。

图 10-1　图书管理系统的功能模块

图 10-2　图书管理系统的主界面

10.1.2　图书管理系统的设计

1. 创建数据库和表

（1）创建数据库 BookManage.accdb。

（2）在 BookManage 数据库中创建 3 个表："读者""图书""借阅"，表结构如表 10-1～表 10-3 所示。

表 10-1　"读者"表结构

字 段 名 称	数据类型	字 段 属 性	字 段 说 明
读者编号	文本	字段大小：8	主键
姓名	文本	字段大小：8	
性别	文本	字段大小：1	默认值："男"
出生日期	日期/时间	格式：短日期	
籍贯	文本	字段大小：10	
学历	文本	字段大小：5	
借书数量	数字	字段大小：整型	默认值：0
注册日期	日期/时间	格式：短日期	

表 10-2　"图书"表结构

字段名称	数据类型	字 段 属 性	字 段 说 明
图书编号	文本	字段大小：4	主键
图书名称	文本	字段大小：15	
作者	文本	字段大小：10	
出版社	文本	字段大小：10	
单价	数字	字段大小：单精度型，小数位数：2	
库存总量	数字	字段大小：整型	
借出数量	数字	字段大小：整型	默认值：0

表 10-3　"借阅"表结构

字段名称	数据类型	字 段 属 性	字 段 说 明
借阅号	自动编号	字段大小：长整型，新值：递增	主键
读者编号	文本	字段大小：8	查阅向导
图书编号	文本	字段大小：4	查阅向导
借阅日期	日期/时间	格式：短日期	
归还日期	日期/时间	格式：短日期	
异常说明	计算	表达式：IIf（［归还日期］－［借阅日期］＞60,"已超期限",""）	

（3）建立表间关系，并实施参照完整性，如图 10-3 所示。

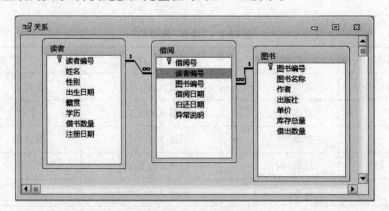

图 10-3　表间关系

2. 读者信息登记模块的设计

读者信息登记模块通过窗体实现对读者信息的添加与简单浏览，如图 10-4 所示。通过"命令按钮向导"添加记录导航、记录操作、窗体操作类按钮，"返回主界面"按钮的单击事件代码如下：

```
Private Sub 返回主界面_Click()
DoCmd.Close
DoCmd.OpenForm "图书管理系统主界面"          '返回系统主界面
End Sub
```

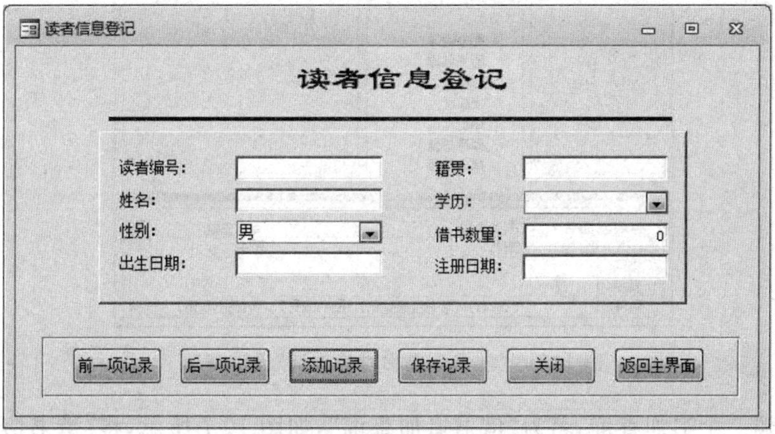

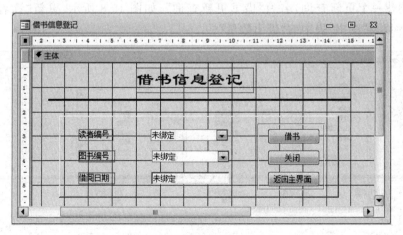

图 10-4 "读者信息登记"窗体

图书信息登记模块的窗体设计与读者信息登记模块类似。

3. 借书信息登记模块的设计

借书信息登记模块的窗体设计如图 10-5 所示。通过组合框向导添加组合框,分别显示"读者"表中的"读者编号"和"图书"表中的"图书编号"。该模块的功能是在选择读者编号、图书编号,并填写借阅日期后,单击"借书"按钮,将首先判断"图书"表中该图书是否已被全部借出,如果未被全部借出,则将借阅信息添加到"借阅"表中,并更新"读者"表中该读者的"借书数量"以及"图书"表中该图书的"借出数量",否则显示提示信息。

图 10-5 "借书信息登记"窗体

该模块的设计方法如下:

（1）创建一个生成表查询，名为"借书生成临时表查询"，如图 10-6 所示，将"图书"表中当前要借阅图书满足"库存总量≤＝借出数量"的记录添加到表 tempbooks 中。

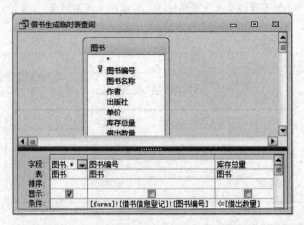

图 10-6 "借书生成临时表查询"设计视图

（2）创建一个追加查询，名为"借书追加查询"，如图 10-7 所示，将"借书信息登记"窗体中的信息追加到"借阅"表中。

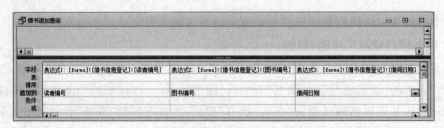

图 10-7 "借书追加查询"设计视图

（3）创建一个更新查询，名为"借书更新查询"，如图 10-8 所示，更新"读者"表中的"借书数量"以及"图书"表中的"借出数量"。

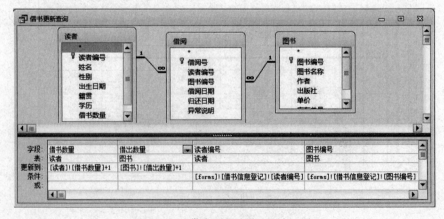

图 10-8 "借书更新查询"设计视图

（4）"借书"按钮的单击事件代码如下：

```
Private Sub 借书_Click()
    If IsNull(Me.读者编号) Or IsNull(Me.图书编号) Or IsNull(Me.借阅日期) Then
        MsgBox "请输入借书信息!"
    Else
        DoCmd.OpenQuery "借书生成临时表查询"        '生成表 tempbooks
        If DCount("*", "tempbooks")=0 Then        '如果 tempbooks 表中无记录
            DoCmd.OpenQuery "借书追加查询"          '执行追加查询
            DoCmd.OpenQuery "借书更新查询"          '执行更新查询
            MsgBox "借书登记完成!"
        Else
            MsgBox "请图书已借完,无法再借!"
        End If
    End If
End Sub
```

4. 还书信息登记模块的设计

还书信息登记模块的窗体设计与借书信息登记模块的窗体类似，如图 10-9 所示。在选择读者编号、图书编号，并填写归还日期后，单击"还书"按钮，将首先判断"借阅"表中是否存在该借阅记录，如果存在，则将归还日期添加到"借阅"表中，并更新"图书"表中该图书的"借出数量"，否则显示提示信息。

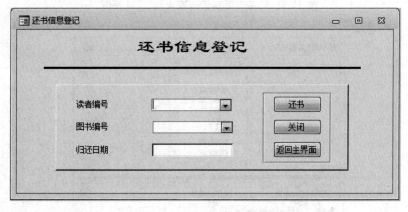

图 10-9 "还书信息登记"窗体

该模块的设计方法如下：

（1）创建一个生成表查询，名为"还书生成临时表查询"，如图 10-10 所示，将"借阅"表中当前要归还图书的借阅记录添加到表 tempbooks2 中。

（2）创建两个更新查询，分别命名为"还书更新借阅表查询"和"还书更新图书表查询"，如图 10-11 和图 10-12 所示，分别更新"借阅"表中的"归还日期"以及"图书"表中的"借出数量"。

图 10-10 "还书生成临时表查询"设计视图

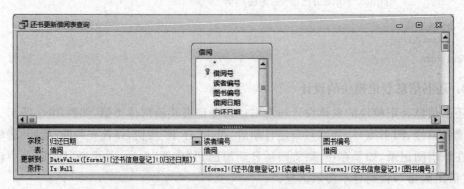

图 10-11 "还书更新借阅表查询"设计视图

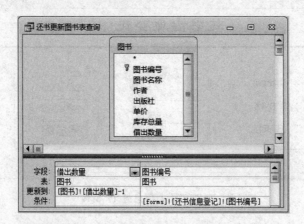

图 10-12 "还书更新图书表查询"设计视图

(3)"还书"按钮的单击事件代码如下:

```
Private Sub 还书_Click()
    If IsNull(Me.读者编号) Or IsNull(Me.图书编号) Or IsNull(Me.归还日期) Then
        MsgBox "请输入要归还图书的信息!"
    Else
```

```
        DoCmd.OpenQuery "还书生成临时表查询"
        If DCount(" * ", "tempbooks2")<>0 Then
            DoCmd.OpenQuery "还书更新借阅表查询"
            DoCmd.OpenQuery "还书更新图书表查询"
            MsgBox "还书登记完成!"
        Else
            MsgBox "不存在该借书记录,无法归还!"
        End If
    End If
End Sub
```

5. 读者信息查询模块的设计

读者信息查询模块的窗体设计如图 10-13 所示。通过组合框向导添加组合框,分别命名为"c读者编号"和"c姓名",分别显示"读者"表中的"读者编号"和"姓名"。该模块的功能是通过"读者编号"或"姓名"查询读者信息。单击"读者信息编辑"按钮,可打开"读者信息编辑"窗体,对当前查询到的读者信息进行编辑。按钮的功能通过宏来实现。创建"读者信息查询宏"的"查询""重置"按钮的功能,如图 10-14 所示,图中仅显示"读者编号"后面的"查询"与"重置"按钮的宏操作命令,"姓名"后面的"查询"与"重置"按钮的宏操作命令与此相似。"读者信息编辑"按钮的宏操作命令如图 10-15 所示。

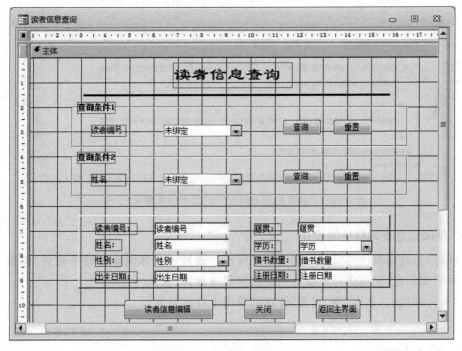

图 10-13 "读者信息查询"窗体

图书信息查询模块的窗体设计与读者信息查询模块类似。

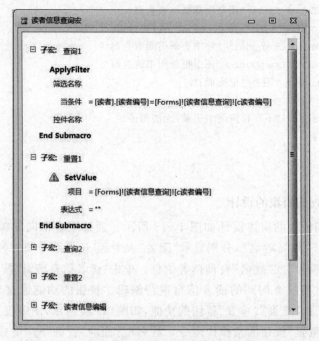

图 10-14　"读者信息查询宏"的"查询"与"重置"子宏

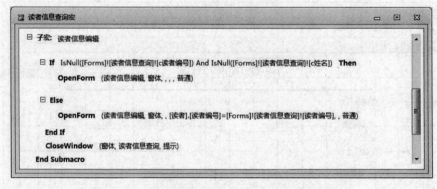

图 10-15　"读者信息查询宏"的"读者信息编辑"子宏

6. 借阅信息查询模块的设计

借阅信息查询模块的窗体如图 10-16 所示。通过子窗体向导创建子窗体"借阅子窗体"显示借阅信息，主窗体与子窗体的链接字段选择为"无"。

借阅日期后的"查询"与"重置"按钮的单击事件代码如下：

```
Private Sub 查询 3_Click()
    Me.Refresh
    Dim str As String
    If Not IsNull(c借阅日期) Then        'c借阅日期是组合框的名称
        str="借阅.借阅日期=datevalue(c借阅日期)"        'datevalue()类型转换函数
    End If
```

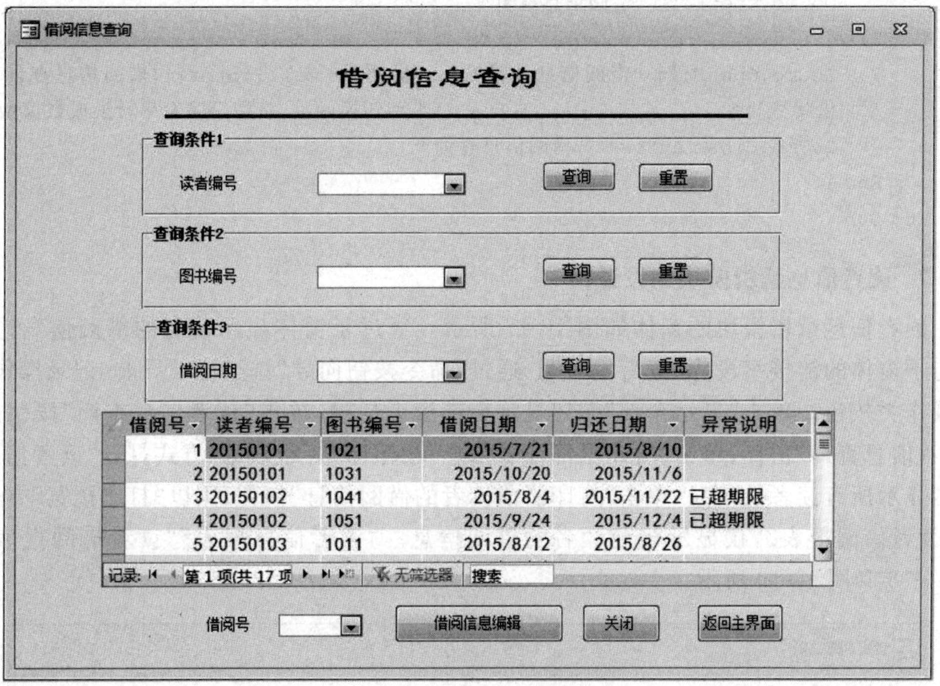

图 10-16 "借阅信息查询"窗体

```
    Me.借阅子窗体.Form.Filter=str        '设置子窗体的筛选条件
    Me.借阅子窗体.Form.FilterOn=True
End Sub
Private Sub 重置 3_Click()
    Me.c借阅日期=""
    Me.借阅子窗体.Form.FilterOn=False
End Sub
```

借阅号后的组合框"c借阅号"的更改事件代码以及"借阅信息编辑"按钮的单击事件代码如下：

```
Private Sub c借阅号_Change()
Dim str As String
If Not IsNull(c借阅号) Then
    str="借阅.借阅号=c借阅号"
End If
Me.借阅子窗体.Form.Filter=str
Me.借阅子窗体.Form.FilterOn=True
Me.Refresh
End Sub
Private Sub 借阅信息编辑_Click()
    If IsNull(c借阅号) Then
        DoCmd.Close
```

```
        DoCmd.OpenForm "借阅信息编辑"
    Else
        DoCmd.OpenForm "借阅信息编辑",,, "借阅号=val([forms]![借阅信息查询]![c
        借阅号])"                    'val()类型转换函数,将数字字符串转换成数值型数字
        DoCmd.Close acForm, "借阅信息查询"
    End If
End Sub
```

7. 读者信息编辑模块的设计

读者信息编辑模块的窗体如图 10-17 所示。通过子窗体显示读者的借阅信息,主窗体与子窗体的链接字段为"读者编号"。通过"命令按钮向导"添加记录导航、记录操作、窗体操作类按钮。单击"显示全部"按钮显示全部读者信息;单击"读者信息查询"按钮打开"读者信息查询"窗体;单击"打印全部读者信息"按钮以"打印预览"方式打开"读者信息报表",显示所有读者的信息;单击"打印当前读者的借阅信息"按钮,则以"打印预览"方式打开"读者借阅报表",仅显示当前读者的借阅信息。"读者信息报表""读者借阅报表"如图 10-18 和图 10-19 所示。

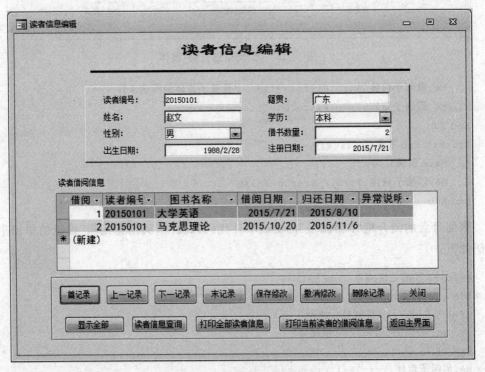

图 10-17 "读者信息编辑"窗体

"显示全部""读者信息查询""打印全部读者信息""打印当前读者的借阅信息"按钮的功能通过宏实现。创建"读者信息编辑宏",如图 10-20 所示。

图书信息编辑模块、借阅信息编辑模块的窗体设计与读者信息编辑模块类似。

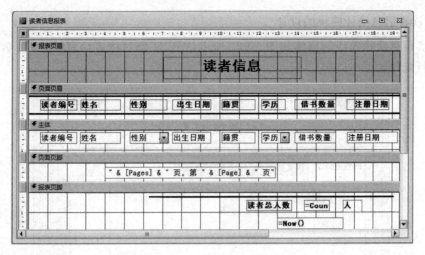

图 10-18　读者信息报表

图 10-19　读者借阅报表

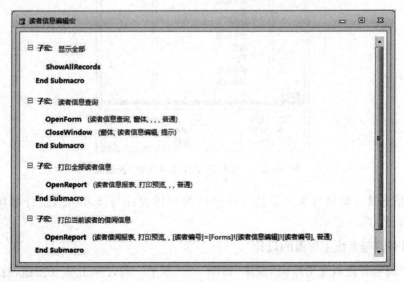

图 10-20　"读者信息编辑宏"的设计窗口

8. 读者信息统计模块的设计

读者信息统计模块的窗体如图 10-21 所示,可以实现对读者信息按性别、学历、注册日期进行统计。

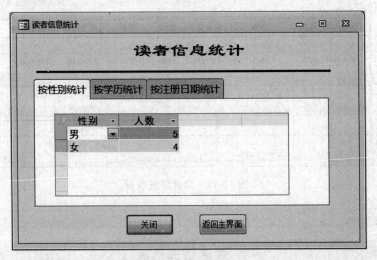

图 10-21 "读者信息统计"窗体

要实现读者信息的统计,首先需要创建查询,以"按性别统计"为例,创建"按性别统计读者人数"查询,如图 10-22 所示。以该查询作为数据来源在选项卡控件的"按性别统计"页中创建子窗体,如图 10-23 所示。

图 10-22 "按性别统计读者人数"查询

图书信息统计模块与借阅信息统计模块的窗体设计与读者信息统计模块相似,如图 10-24 和图 10-25 所示。

9. 图书管理系统主界面的设计

创建"图书管理系统主界面"窗体,如图 10-2 所示。通过单击命令按钮,打开对应的功能模块窗体。按钮的功能通过宏来实现。创建"主界面宏",如图 10-26 所示。

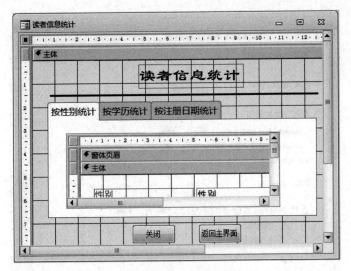

图 10-23 "读者信息统计"窗体

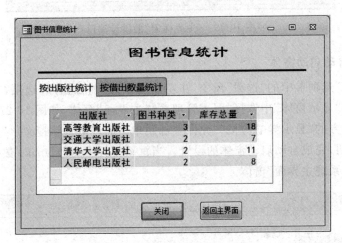

图 10-24 "图书信息统计"窗体

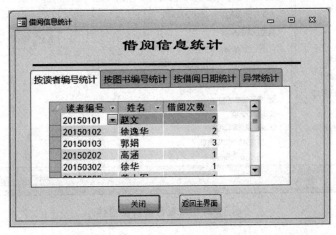

图 10-25 "借阅信息统计"窗体

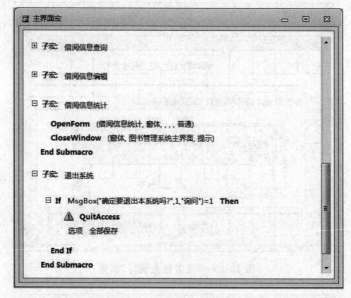

图 10-26   "主界面宏"的设计窗口

10. 设置自动启动窗体

选择"文件"选项卡中的"选项"命令,在左侧选择"当前数据库"选项,在右侧的"应用程序选项"下的"显示窗体"中选择"图书管理系统主界面"窗体,如图 10-27 所示。拖动滚动条,取消图下方的"显示导航窗格""允许全部菜单""允许默认快捷菜单"复选框的勾选,单击"确定"按钮,完成自动启动窗体的设置。当重新打开 BookManage 数据库时,将自动启动"图书管理系统主界面"窗体。

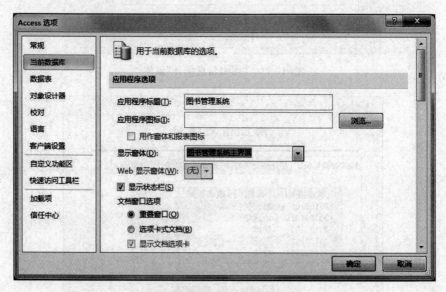

图 10-27   设置自动启动窗体

10.2 网络教学管理系统

10.2.1 网络教学管理系统的需求分析

本系统是一个 B/S 模式的数据库应用系统,主要完成的是网络教学的管理任务,使用本系统的用户为教师和学生,即由教师和学生通过该系统完成相对应的教与学工作。

根据对网络教学管理系统的分析,将整个系统功能根据用户类型的不同,划分为学生学习功能和教师管理功能。教师管理功能包括以下几项。

(1) 用户管理:用户(教学秘书)身份认证、登录及注销功能的实现。

(2) 公告管理:教师发布公告,并对公告进行编辑。

(3) 案例管理:教师发布案例,并对案例进行编辑。

(4) 班级管理:教师创建班级,并对班级进行编辑。

(5) 答疑:教师对学生提出的问题进行解答。

本节选择教师功能中的用户管理功能和公告管理功能进行实现。

10.2.2 网络教学管理系统的运行环境

1. 软硬件主要配置参数

(1) 处理器:Intel(R) Core(TM)i3-2350M CPU @ 2.30GHz 2.30GHz。

(2) 内存:2GB。

(3) 操作系统:Windows 7 旗舰版。

2. 服务器安装——Windows 7 IIS 安装

安装步骤:打开"控制面板"→"程序"→"程序和功能"→"打开或关闭 Windows 功能",在打开的对话框中,选中 Internet 信息服务及相关程序,如图 10-28 所示。

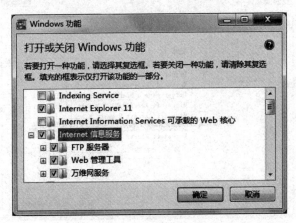

图 10-28　IIS 安装

3. 创建数据库

创建一个名为 wljxdb. accdb 的数据库,存储位置在 C:\inetpub\wwwroot\wl\database,相关数据库对象的创建见本节后续内容。

4. ODBC 数据源设置

本节开发的数据库应用系统将采用 ODBC 数据源方式连接数据库。具体步骤如下:

(1) 打开"控制面板"→"系统和安全"→"管理工具"→"数据源(ODBC)",如图 10-29 所示。

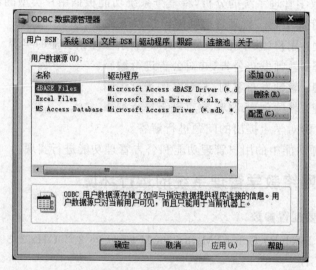

图 10-29 ODBC 数据源管理器

(2) 选择"系统 DSN"选项卡,单击"添加"按钮,打开"创建新数据源"窗口,选择 Access 驱动程序,如图 10-30 所示。

图 10-30 创建新数据源

（3）创建名称是 jxsxdb 的数据源，数据库路径为 C：\ inetpub \ wwwroot \ wl \ database，如图 10-31 所示，单击"确定"按钮。

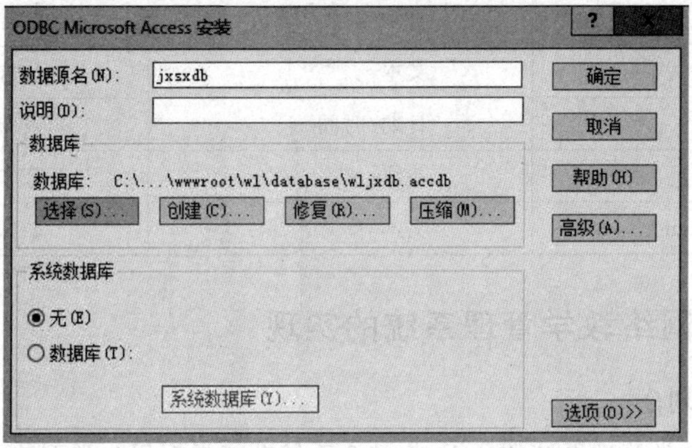

图 10-31　jxsxdb 数据源

5. 应用程序编辑环境

本系统的开发选择记事本作为应用程序编辑环境。

6. 应用程序测试环境

编辑好的应用程序将部署在默认的服务目录（C：\inetpub\wwwroot\wl\wljx）下。测试路径为：http://localhost/wl/wljx/login.htm。

10.2.3　网络教学管理系统的数据库设计

在分析了该系统所要完成的功能基础上，需要进行数据库的分析和设计。在已创建的 wljxdb 数据库中创建数据表，本数据库包括两个表，表结构分别如表 10-4 和表 10-5 所示。

表 10-4　用户表（usertable 表）

字段名称	数据类型	说　明
id	自动编号	用户编号
usernum	文本	用户名
name	文本	姓名
passwd	文本	密码
gender	文本	性别
email	文本	邮箱

表 10-5　公告表（board 表）

字段名称	数据类型	说　　明
id	自动编号	公告编号
title	文本	公告标题
inputdate	日期/时间	发布时间
detail	备注	公告内容
teachernum	文本	教师用户编号

10.2.4　网络教学管理系统的实现

1. 系统功能划分

根据对网络教学管理系统的分析,将整个系统功能根据用户类型的不同,划分为学生学习功能和教师管理功能。教师管理功能包括用户管理、公告管理、案例管理、班级管理和答疑。本节以部分教师功能实现为例进行讲解,即用户管理功能和公告管理功能,其与应用程序对应关系如表 10-6 所示。

表 10-6　对应关系表

功　　能	应 用 程 序
数据库连接	Conn_db. asp
	Usercheck. asp
用户管理	Login. htm
	Loginok. asp
	Loginout. asp
公告管理	Leftmain. htm
	Left. asp
	Teacher\boardlist. asp
	Teacher\boarddetail. asp
	Teacher\boardfyxs. asp
	Teacher\boardinsert. asp
	Teacher\boardupdate. asp
	Teacher\boarddelete. asp

2. 数据库连接

1）功能描述

之前已经建立了 ODBC 数据源,现在需要通过创建应用程序来实现数据库连接（Conn_db. asp）,并在此基础上实现用户安全检验机制（Usercheck. asp）。

2）应用程序文件关键代码

- Conn_db. asp

```
<%
  set db=Server.Createobject("ADODB.Connection")
  db.Open "jxsxdb"
%>
```

- Usercheck. asp

```
<%
  response.buffer=true
%>
<!--#include file="conn_db.asp"-->
<html>
  <head>
    <title></title>
  </head>
  <body>
    <%
      if request.cookies("time")="" then
        response.write "<script >alert('对不起,您尚未登录或超时,请先登录。
            parent.opener=null;parent.close();window.open('../login.htm');
            </script>"
        response.end
      end if
      if DateDiff("s",request.cookies("time"),now)>600 then
        response.cookies("chkname")=""
        response.cookies("chkpass")=""
        response.cookies("time")=""
      else
        response.cookies("time")=now()
      end if
      dim chkname,chkpass,chksign
      chkname=replace(request.cookies("chkname"),"'","")
      chkpass=replace(request.cookies("chkpass"),"'","")
      if chkname="" or chkpass="" then
        response.write "<script >alert('对不起,您尚未登录或超时,请先登录。');
            parent.opener=null;parent.close();window.open('../login.htm');
            </script>"
        response.end
      end if
      set rs=server.createobject("adodb.recordset")
        sql="select * from usertable where usernum='"&chkname&"' and
        passwd='"&chkpass&"'"
      rs.open sql,db,1
        if rs.eof then
          response.cookies("chkname")=""
          response.cookies("chkpass")=""
          response.write "<script>alert('对不起,您填写的信息有误,请重新填写。');
```

```
            parent.opener=null;parent.close();window.open('../login.htm');
            </script>"
            response.end
        end if
        rs.close
        set rs=nothing  %>
    </body>
</html>
```

3. 用户管理

1) 用户登录

（1）功能描述。

访问教学任务管理系统，必须以合法用户的身份登录，需要用户输入用户名和密码，如输入的是合法信息将允许用户登录。用户登录页面如图 10-32 所示。

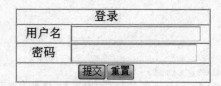

图 10-32   用户登录页面

（2）应用程序文件关键代码。

• Login. htm

```html
<html>
  <head>
    <meta http-equiv="Content-Type" content="text/html; charset=gb2312">
    <title>登录</title>
  </head>
  <body>
    <form name="form1" method="post" action="loginok.asp">
      <table width="260" border="1" align="center" cellpadding="0"
      cellspacing="0">
        <tr>
          <td colspan="2" width="238"><div align="center">登录</div></td>
        </tr>
        <tr>
          <td width="71"><div align="center">用户名</div></td>
          <td width="183" valign="top">
            <input name="username" type="text" id="username" size="25">
          </td>
        </tr>
        <tr>
          <td width="71"><div align="center">密码</div></td>
          <td valign="top" width="183">
            <input name="password" type="password" id="password" size="25">
          </td>
```

```
        </tr>
        <tr>
          <td colspan="2" width="238"><div align="center">
            <input type="submit" name="Submit" value="提交">
            <input type="reset" value="重置" name="B1"></div>
          </td>
        </tr>
      </table>
    </form>
  </body>
</html>
```

该应用程序主要通过表单标记定义用户登录输入区域，并将用户输入信息提交至 loginok.asp 处理。

- Loginok.asp

```
<%response.buffer=true%>
<!--#include file="conn_db.asp"-->
<html>
  <head>
    <meta http-equiv="Content-Type" content="text/html; charset=gb2312">
    <meta name="GENERATOR" content="Microsoft FrontPage 4.0">
    <meta name="ProgId" content="FrontPage.Editor.Document">
    <title>登录结果</title>
  </head>
<body>
  <p align="center">
    <%dim username,password
    username=request("username")
    password=request("password")
    set rs=server.createobject("adodb.recordset")
    sql="select * from usertable where usernum='"&username&"'"
    rs.open sql,db,1
    if rs.eof then
      response.write "<script language=javascript>"&chr(13)&"
        alert('登录失败');"&"history.back()"&"</script>"
      response.end
    else
      if rs("passwd")<>password then
        response.write "<script language=javascript>"&chr(13)&"
          alert('登录失败');"&"history.back()"&"</script>"
        response.end
      end if
      session("username")=username
      response.write"<script language=javascript>"&chr(13)&"
          alert('登录成功');</script>"
      response.cookies("chkname")=username
      response.cookies("chkpass")=password
      response.cookies("time")=now()%>
```

```
    <font size="6">
    欢迎<%=session("username")%>来到网络教学系统平台</font>
    <p align="center"></p>
    <p align="center"><a href="leftmain.htm">进入主页</a>
       <a href="loginout.asp">退出<a>
    <%end if%></p>
  </body>
</html>
```

　　该应用程序实现的是服务器获取用户输入，并与存储在 usertable 表中的用户信息进行比较，相匹配的信息代表是合法用户，允许其登录，如图 10-33 所示。不匹配的信息代表是非法用户，显示登录失败，如图 10-34 所示。

图 10-33　登录成功页面　　　　　　　图 10-34　登录失败页面

2）用户退出

（1）功能描述。

　　当用户结束网络教学管理系统的访问时，必须使用退出功能实现用户的正常退出，如图 10-35 所示。

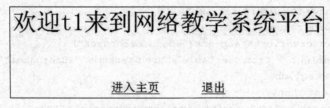

图 10-35　退出功能

（2）应用程序文件关键代码。

● Loginout. asp

```
<%response.buffer=true%>
<html>
  <head>
    <title>退出登录</title>
      <%response.cookies("chkname")=""
      response.cookies("chkpass")=""
      session.Abandon()%>
  </head>
  <body>
```

```
<script>alert('您已经成功退出!');parent.opener=null;parent.close();
      window.open("login.htm");
  </script>
 </body>
</html>
```

4. 公告管理——首页公告

1）系统功能主界面

（1）功能描述。

用户正常登录后，会进入系统的功能主界面（文件：leftmain.htm），如图 10-36 所示。其中，本页面是左右框架，左框架（文件：left.asp）显示本系统主要功能，右框架（文件：main.asp）默认显示空白。

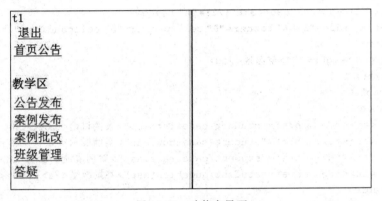

图 10-36　功能主界面

（2）应用程序文件关键代码。

- Leftmain.htm

```
<html>
 <head>
   <title>框架</title>
 </head>
 <frameset cols="241,*">
   <frame name="left"  src="left.asp" scrolling="auto" target="main">
   <frame name="main" src="main.asp"  scrolling="auto">
 </frameset>
</html>
```

- Left.asp

```
<html>
 <head>
   <meta http-equiv="Content-Type" content="text/html; charset=gb2312">
   <title>左框架</title><base target="main">
 </head>
 <body TOPMARGIN="0" bottomMargin="4" leftMargin="4" rightMargin="12">
   <table width="100%" border="0" cellspacing="0" cellpadding="0">
```

```
    <%=session("username")%>
    <tr>
      <td height="20">
         <a href="loginout.asp" >退出</a>
      </td>
    </tr>
  </table>
  <table border="0" cellspacing="0" width="100%" cellpadding="2" >
    <tr>
      <td>
        <A href="teacher/boardlist.asp">首页公告</A>
      </td>
    </tr>
  </table>
<%if left(session("username"),1)="s" then%>
  <table width="100%" border="0" cellspacing="0" cellpadding="2">
    <tr>
      <td height="5">学习区</td>
    </tr>
  </table>
  <table>
      <tr><td><a href="student/caselist.asp">案例讨论</a></td>   </tr>
      <tr><td><a href="student/caseshow.asp">案例展示</a></td></tr>
      <tr><td><a href="student/casegrade.asp">案例成绩</a></td></tr>
      <tr><td><a href="student/question.asp">答疑教室</a></td></tr>
  </table>
  <table width="100%" border="0" cellspacing="0" cellpadding="0">
    <tr>
      <td height="20"><A href="chat/chatdefault.asp">在线答疑</A>
      </td>
    </tr>
    <tr><td height="20"></td></tr>
    <tr><td height="20"> </td>   </tr></table>   <%end if%>
<%if left(session("username"),1)="t" then%>
  <table border="0" cellspacing="0" width="100%" cellpadding="0">
    <tr><td>教学区</td>   </tr>
  </table>
  <table width="100%" border="0" cellspacing="0" cellpadding="0">
    <tr><td height="5"></td>   </tr>
  </table>
  <table border="0" cellspacing="0" width="100%" cellpadding="2" >
    <tr><td><A href="teacher/boardfyxs.asp">公告发布</A></td></tr>
  </table>
  <table border="0" cellspacing="0" width="100%" cellpadding="2" >
    <tr><td><A href="teacher/case.asp">案例发布</A></td></tr>
    <tr><td><A href="teacher/selectclass.asp">案例批改</A></td></tr>
    <tr><td><a href="teacher/createclass.asp">班级管理</a></td></tr>
  </table>
  <table border="0" cellspacing="0" width="100%" cellpadding="2" >
```

```
        <tr><td><a href="teacher/answer.asp">答疑</a></td>  </tr>
      </table>
    <%end if%>
    <%if left(session("username"),1)="m" then%>
      <table>
        <tr><td>管理区</td></tr>
        <tr><td><a href="createteacher.asp">教师管理</td></tr>
      </table>
    <%end if%>
    </body>
</html>
```

2）首页公告

（1）功能描述。

在进入主功能页面后，单击左侧"首页公告"，右框架显示公告列表（文件：teacher\ boardlist. asp），如图 10-37 所示。在本页面可以单击具体公告标题看到公告内容（文件： teacher\boarddetail. asp），如图 10-38 所示。

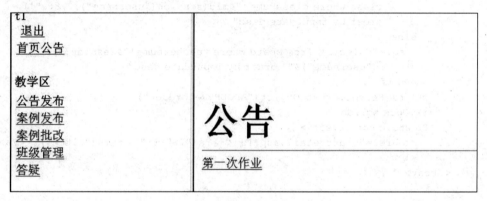

图 10-37　首页公告

图 10-38　公告内容

（2）应用程序文件关键代码。

- teacher\boardlist. asp

```
<!--#include file="../usercheck.asp"-->
<html>
  <head>
    <title>公告列表</title>
```

```
    </head>
    <body>
     <table width="666" height="300" border="0" cellpadding="0" cellspacing="
     0">
       <tr><td height="20" width="470">
        <table width="471" border="0" cellspacing="0" cellpadding="0">
          <tr>
           <td width="471" height="40" valign="bottom" >
             <div align="left"><font color="#990099" size="7" face="楷体_
             GB2312">
             <strong>公告</strong></font></div>
            </td>
          </tr>
        </table>
        <table width="471" border="0" cellspacing="0" cellpadding="0">
          <hr></table>
        <%if left(session("username"),1)="s" then
             sql="Select * from board where teachernum in(select teachernum from
                class where classnum='"&mid(session("username"),2,8)&"')
                order by inputdate desc"
           else
             sql="Select * from board where teachernum='"&session
                ("username")&"' order by inputdate desc"
           end if
        set rs=Server.CreateObject("ADODB.Recordset")
        rs.Open sql,db
        Do while not rs.eof%>
          <a href="boarddetail.asp?id=<%=rs("ID")%>"><%=rs("title")%></a>
          <br>
     </body>
      <%
      rs.movenext
      loop
      %>
</html>
```

• teacher\boarddetail. asp

```
<%response.buffer=true%>
<!--#include file="../usercheck.asp"-->
<html>
  <head>
   <title>公告内容</title>
  </head>
  <body>
    <%' 根据传入的 id 将本条记录显示在表单内
     id=Request.QueryString("id")
     ' 创建 Recordset 对象
     Sql="select * from board where id="&id   'id 由前面的页面传过来
     set rs=db.Execute(Sql)%>
    <center>
```

```
<table border="1" width="418" style="border-collapse: collapse"
       bordercolor="#111111" cellpadding="4" cellspacing="0">
  <tr>
    <td width="42">标题</td>
    <td width="300">
      <input type="text" name="title" size=40 value="<%=rs("title")%>">
    </td>
  </tr>
    <tr>
      <td width="42">内容</td>
      <td width="300">
        <textarea name="articlebody" rows="6" cols="40" wrap="soft">
          <%=rs("detail")%></textarea>
      </td>
    </tr>
    </table>
  </center>
 </body>
</html>
```

5. 公告管理——公告发布和编辑

(1) 功能描述。

在主功能页面中,左框架里有一项链接"公告发布",能够实现教师对于公告的操作,起始页是公告列表的分页显示(文件:teacher\boardfyxs.asp),如图 10-39 所示。通过单击"增加"按钮,实现公告发布(文件:teacher\boardinsert.asp),如图 10-40 所示。通过单击公告具体标题,实现公告的修改(文件:teacher\boardupdate.asp)和删除(文件:teacher\boarddelete.asp),如图 10-41 所示。

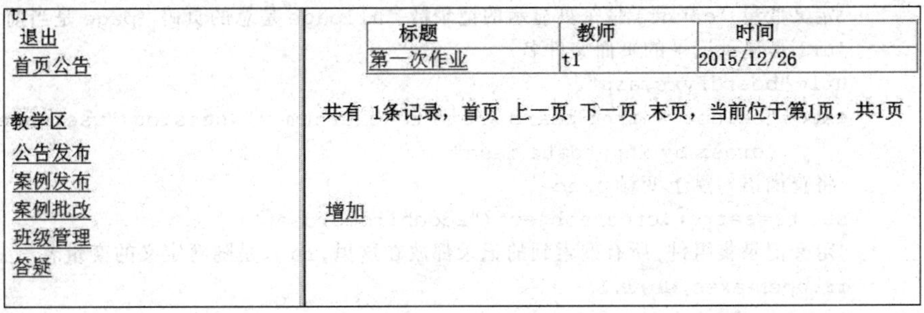

图 10-39 公告列表分页显示

图 10-40 发布公告

标题	第一次作业	
内容	第一次作业！	
修改		删除

图 10-41　公告的修改和删除

（2）应用程序文件关键代码。

- teacher\boardfyxs.asp

```asp
<!--#include file="../usercheck.asp"-->
<html>
  <head>
    <title>分页显示</title>
  </head>
  <body>
    <table width="448" border="1" align="center" cellpadding="0"
        cellspacing="0" class="STYLE3">
      <tr>
        <td width="81" align="center">标题</td>
        <td width="57" align="center">教师</td>
        <td width="93" align="center">时间</td>
      </tr>
      <%dim counts,allpage,page,url,exec
        '定义变量 'counts 是每页显示的记录数 'allpage 是总的页码 'page 是当前页码
        'url 是显示记录的页面文件名
        url="boardfyxs.asp"
        exec="select * from board where teachernum='"&session("username")&"'
            order by inputdate desc"
        '将查询语句赋予变量 exec
        set rs=server.createobject("adodb.recordset")
        '定义记录集组件,所有搜索到的记录都放在这里,rs 只是随意定义的变量名
        rs.open exec,db,1,1
        if rs.eof or rs.bof then
          response.Write("no find")
        '如果发现数据指针已经到了记录头和记录尾,显示"no find",即未发现记录
        else
          counts=6
          '每页显示 6 条记录
          rs.pagesize=counts
          '设定 RecordSet 对象的 pagesize 属性,指定一个逻辑页中的记录个数
          allpages=rs.pagecount
          'rs.pagesize 属性设定后 rs.pagecount 自动计算一共有多少页
          page=request("page")
          '获取当前页码
```

```
    if not isnumeric(page) then
      page=1
    end if
    '如果页码数不全为数字,则设定页码为1
    if isEmpty(page) or cint(page)<1 then
      page=1
    '如果page变量未被初始化或page变量四舍五入后小于1,则设page的值为1
     (预防走到头)
    elseif cint(page)>=allpages then
      page=allpages
    end if
    '否则,如果page变量四舍五入后大于等于总页码,则设page变量的值为总页码
     (预防走到尾)
    rs.absolutePage=page
    '设定RecordSet对象的当前页
    do while (not rs.eof) and counts>0
    '如果数据库中有记录且设定的每页显示数量大于0%>
  <tr>
    <td width="81">
     <a href="boardupdate.asp?id=<%=rs("id")%>"><%=rs("title")%>
      </a>
    </td>
    <td width="57"><%=rs("teachernum")%></td><td width="93">
                   <%=rs("inputdate")%>
    </td>
  </tr>
<%
counts=counts-1
rs.movenext '下移一条记录
if rs.eof then   exit do
  loop'返回循环首
  %></table>
<table align="center">
  <tr>
    <td width="600" align=right valign="bottom" class="STYLE3"
    headers="50">
<table width="600" height="56" border="0" align="center"
    cellspacing="3" class="STYLE3">
<%
    '显示总条数
    response.Write("<br>共有  "&rs.recordcount&"条记录,")
    if page=1 then
      response.Write("首页  上一页  ")
else
      response.Write "<a href='boardfyxs.asp?page=1'>首页</a> 
        <a href='boardfyxs.asp?page="&page-1&"'>上一页</a> "
end if '页码为1时首页/上一页不加链接,否则加链接
if page=allpages then
    response.Write "下一页 末页"
```

```
         else
            response.Write "<a href='boardfyxs.asp?page="&page+1&"'>下一页</
               a>
             <a href='boardfyxs.asp?page="&allpages&"'>末页</a> "
         end if
         response.Write ",当前位于第"&page&"页,共"&allpages&"页"
      %>
    </table>
    <%end if%>
      <table align="left">
         <tr><td><a href="boardinsert.asp">增加</a></td></tr>
      </table>
    </body>
</html>
```

- teacher\boardinsert.asp

```
<%response.buffer=true%>
<!--#include file="../usercheck.asp"-->
<html>
  <head><title>插入记录范例</title></head>
  <body>
    <center>
      <table border="1" width="400" style="border-collapse: collapse"
         bordercolor="#111111" cellpadding="4" cellspacing="0">
      <form action="" method="post" name="form1">
         <tr>
            <td>标题</td>
            <td><input type="text" name="title" size=40 ></td>
         </tr>
         <tr>
            <td>内容</td>
            <td>
               <textarea name="articlebody" rows="6" cols="40" wrap="soft">
               </textarea>
            </td>
         </tr>
         <tr>
            <td><input type="submit" value="发布"></td>
         </tr>
      </form>
      </table>
    </center>
      <%' 先检验表单输入内容不能为空
         If Request("title")<>"" AND Request("articlebody")<>"" Then
         name=Request("name")
         title=Request("title")
         detail=Request("articlebody")
         Sql="insert into board(title,detail,teachernum)values('"&title &"',
            '"&detail& "','"&session("username")&"')"
```

```
        db.Execute(Sql)
        Response.Redirect "boardfyxs.asp"  '修改完毕,重定向 boardlist.asp
      end if%>
    </body>
</html>
```

- teacher\boardupdate.asp

```
<%response.buffer=true%>
<!--#include file="../usercheck.asp"-->
<html>
  <head><title>更新记录范例</title></head>
  <body>
    <%' 根据传入的 id 将本条记录显示在表单内
      id=Request.QueryString("id") ' 创建 Recordset 对象
      Sql="select * from board where id="&id  'id 由前面的页面传过来
      set rs=db.Execute(Sql)%><center>
      <table border="1" width="418" style="border-collapse: collapse"
            bordercolor="#111111" cellpadding="4" cellspacing="0">
        <form action="" method="post" name="form1">
          <tr>
            <td width="42">标题</td>
            <td width="300">
              <input type="text" name="title" size=40 value="<%=rs
              ("title")%>"></td>
          </tr>
          <tr>
            <td width="42">内容</td>
            <td width="300">
              <textarea name="articlebody" rows="6" cols="40" wrap="soft">
              <%=rs("detail")%></textarea>
            </td>
          </tr><%if left(session("username"),1)="t" then %>
          <tr><td width="42"><input type="submit" value="修改"></td>
            <td width="300"></td>
            <td width="44"><a href="boarddelete.asp?id=<%=id%>">删除</a>
            </td>
          </tr>
          <%end if%>
        </form>
      </table>
    </center>
    <%
      ' 先检验表单输入内容不能为空
      If Request("title")<>"" AND Request("articlebody")<>"" Then
      ' 以下修改记录
        name=Request("name")
        title=Request("title")
        articlebody=Request("articlebody")
      Sql="update board set teachernum='" & session("username") & "',
```

```
        title='" & title & "',detail='" & articlebody & "',
        inputdate='"&now()&"' where id=" & id
    db.Execute(Sql) '这里利用 Execute 方法,修改记录
    Response.Redirect "boardfyxs.asp" ' 修改完毕,重定向 boardlist.asp
  Else
  %><center>
  <%Response.Write "所有项目都要填写"
    End If%>
  </center>
  </body>
</html>
```

- teacher\boarddelete.asp

```
<!--#Include file="../usercheck.asp" -->
<html>
  <head>
    <title>删除</title>
  </head>
  <body>
    <%
    id=request("id")
    sql1="DELETE FROM board WHERE id="&id
    db.Execute(sql1)
    db.Close
    set db=nothing
    response.redirect "boardfyxs.asp"
    %>
  </body>
</html>
```

本章小结

本章通过两个数据库应用系统实例:图书管理系统和网络教学管理系统,讲解建立一个数据库应用系统的方法和步骤。

思考与习题

通过自主命题构建一个完整的数据库应用系统。要求进行需求分析,并在此基础上进行数据库的设计。注意页面的规划和设计,尽量做到简洁大方,有吸引力。在整个系统实现的过程中,逐步掌握数据库应用系统设计的主要手段和方法。

参 考 文 献

[1] 涂振宇,傅清平. 数据库原理与应用[M]. 北京:清华大学出版社,2006.

[2] 桂思强. Access 数据库设计基础[M]. 北京:中国铁道出版社,2006.

[3] 朱定善. 数据库系统原理与应用(Access)[M]. 北京:中国水利水电出版社,2008.

[4] 荣钦科技. Access 2007 数据库原理、技术与全程实例[M]. 北京:清华大学出版社,2009.

[5] 范泽剑,范泽宇. Office 2010 全解析[M]. 北京:机械工业出版社,2010.

[6] 卢湘鸿. Access 数据库与程序设计[M]. 2 版. 北京:电子工业出版社,2011.

[7] 史国川. Access 数据库技术与应用[M]. 北京:科学出版社,2011.

[8] 相世强,李绍勇. Access 2010 中文版入门与提高[M]. 北京:清华大学出版社,2013.

[9] 刘卫国. 数据库技术与应用——Access 2010[M]. 北京:清华大学出版社,2014.

[10] 王珊,萨师煊. 数据库系统概论[M]. 5 版. 北京:高等教育出版社,2014.

[11] 程晓锦,徐秀花. Access 2010 数据库应用实训教程[M]. 北京:清华大学出版社,2014.

[12] 于繁华. Access 基础教程[M]. 北京:中国水利水电出版社,2015.

[13] 韩金仓,马亚丽. Access 2010 数据库应用教程[M]. 北京:清华大学出版社,2015.

[14] 刘志丽. 数据库技术应用教程(SQL Server 2012 版)[M]. 北京:清华大学出版社,2015.

参考网站:

[1] 百度文库,http://wenku.baidu.com/view/52d6147f27284b73f3425004.html.

[2] http://database.ctocio.com.cn/tips/317/9437817.shtml.

[3] 百度百科,http://baike.baidu.com/subview/88461/12743555.htm.

[4] 百度百科,http://baike.baidu.com/subview/57/5755158.htm.

[5] 百度百科,http://baike.baidu.com/view/1605611.htm?fromtitle=ADO&fromid=31153&type=syn.